호기심의 뇌과학

호기심의 뇌과학

50세부터 시작하는 두뇌 저속노화 솔루션

가토 도시노리 지음

전화윤 옮김

현대
지성

드디어 오롯이 4050을 위한 책이 나왔다. 뇌는 죽을 때까지 성장하며, 성장하는 뇌는 노화하지 않는다. 따라서 건강하고 행복한 100세 인생을 누리려면 4050 시기에 '뇌 이사'를 시작해야 한다. 타인의 감정을 읽는 데 익숙한 우뇌 감정계에서, 자신의 감정을 표현하는 좌뇌 감정계로 중심을 옮기는 것이 중년 이후 호기심을 되찾는 열쇠다.

뇌과학자인 저자가 알려주는 호기심 재생법은 뜻밖에도 간단하다. 우리 일상에서 뇌 성장을 방해하는 요인과 습관을 뿌리치고 다채로운 방식으로 뇌를 리부트하는 것. 뇌가 젊어지면 몸도 회춘한다.

• **최재천**(이화여대 에코과학부 석좌교수, 생명다양성재단 이사장)

현대인은 자신을 돌보지 않은 채 살아간다. 바쁜 일상과 편리함이라는 유혹 속에서 우리는 스스로를 그저 도구처럼 여기며 무심히 지나친다. 이런 삶을 반복하다 보면 결국 우리 뇌는 가속 노화라는 함정에 빠지고 만다. 호기심과 열정을 잃어버린 뇌는 점차 빛을 잃고 흐릿한 그림자처럼 퇴색해 간다. 기억력 저하라는 가시적인 문제를 넘어, 저자가 표현한 대로 점점 '괴물화'되어 인간 본연의 생기와 매력을 상실해간다. 호기심 없는 뇌는 이미 늙어버린 뇌다.

하지만 우리에겐 선택권이 있다. 주목할 점은, 우리가 어떤 모습으로 나이 들어갈지는 대부분 우리의 손에 달려 있다는 사실이다. 전체의 70퍼센트는 일상에서의 태도와 습관이, 30퍼센트만이 유전자나 외부 요인이 좌우한다. 저자의 말처럼 현재의 우리는 과거부터 현재까지 뇌를 어떻게 사용해왔는지의 결과물이다. 뇌를 어떻게 사용하느냐에 따라, 얼마나 호기심을 품고 살아가느냐에 따라 내가 원하는 모습으로 나아갈 수 있다. 아직 늦지 않았다. 뇌 건강은 몸 건강과 함께 선순환과 악순환을 만들어내며, 우리 삶의 질을 결정짓는 핵심 열쇠가 된다.

이 책에서 저자는 오랜 시간 쌓아온 임상 경험과 깊은 고민을 통해 잃어버린 뇌의 빛과 활력을 되찾을 구체적이고 실천 가능한 방법을 제시한다. 특히 일상에서 쉽게 실천할 수 있는 생활 습관부터 뇌를 젊게 만드는 과학적 비결까지, 풍부한 통찰과 실용적인 지혜를 함께 담아냈다.

당신의 뇌는 당신이 생각하는 것보다 훨씬 더 젊어질 수 있다. 저자의 안내를 따라가다 보면, 우리의 뇌는 단순히 늙고 쇠퇴하는 것이 아니라 천천히, 그러나 분명히 성장하며 더욱 단단해질 것이다. 이 책은 독자들이 뇌를 건강하게 가꾸고 삶의 활력을 되찾아 원하는 모습으로 성장할 수 있도록 돕는 든든한 길잡이가 되어줄 것이다. 더 늦기 전에, 이 책으로 당신의 뇌에 호기심이라는 새로운 생명력을 불어넣어 보자.

- **정희원**(내과 전문의, 『느리게 나이드는 습관』 저자, 유튜브 〈정희원의 저속노화〉 운영)

호기심은
뇌를 다시 춤추게 한다

"하고 싶은 일이 없으면 나이 들어 치매에 걸린다"는 말을 들어본 적이 있는가? 농담처럼 들릴 수 있지만, 뇌과학적으로 보면 상당한 타당한 이야기다. 실제로 성공적인 삶을 살아온 이들 대부분이 '하고 싶은 일'을 마음에 품고 그것을 일관되게 실현하며 살아왔다는 사실을 떠올려보면, 이 말의 의미를 결코 가볍게 넘길 수 없다.

우리가 흔히 말하는 '하고 싶은 마음', 바로 그것이 '호기심'이다. 이 호기심을 지닌 사람과 그렇지 않은 사람, 이를 적극적으로 활용하는 사람과 무심히 흘려보내는 사람의 인생은 뚜렷한 차이를 보인다.

그렇다면 이 호기심은 우리의 삶에 얼마나 깊은 영향을 미칠까? 인간의 뇌에는 어떤 변화를 일으킬까? 정말 호기심이 뇌를 다시 깨울 수 있을까? 그리고 잃어버린 호기심을 되살릴 수는 있을까?

본격적인 이야기를 시작하기에 앞서, 지금 당신의 '호기심 건강' 상태를 점검해보자. 지금 당장, 마음속에서 하고 싶은 일을 5가지 적어보자. 대단한 목표가 아니어도 좋다. 사소한 소망이어도 괜찮다. 예를 들어, 기타를 배워 보고 싶다, 오래된 친구를 다시 만나고 싶다, 내 이름으로 무언가를 시작해 보고 싶다 등등.

① _____

② _____

③ _____

④ _____

⑤ _____

5가지 중 몇 가지나 적을 수 있었는가? 그 숫자가 당신의 뇌가 생성하는 호기심의 수준, 다시 말해 '뇌의 성장력'을 가늠하는 하나의 척도가 된다. 혹시 하나도 떠오르지 않았어도 괜찮다. 지금은 잠시 잊고 있었을 뿐, 당신 안에는 여전히 호기심의 불씨가 살아 있으니까. 이 책을 다 읽고 나면, 당신의 뇌는 다시 호기심을 느끼고, 하고 싶은 일을 스스로 찾아나설 준비가 되어 있을 것이다.

더 이상 설레지 않을 때
뇌는 위험에 빠진다

내가 운영하는 클리닉은 뇌 MRI(자기공명영상)를 통해 뇌를 진단하고 치료하는 곳이다. 여기에 매일같이 자신의 상태에 대한 걱정과 불안을 안고 찾아오는 환자들이 있다. 환자 대부분 40대 후반이 지난 중년층이다.

상담을 해보면 건망증 등 뇌 기능 저하 관련 증상이 흔하지만, 깊이 들여다보면 단순한 기억력 문제가 아니라 심신의 불안, 삶의 방식에 대한 혼란 등 훨씬 복합적인 고민들이 얽혀 있음을 본다.

이제 사회 전체로 눈을 돌려보자. 오늘날 일본에서는 매년 2만 명이 넘는 사람들이 스스로 삶을 마감하고 있다. 원인은 각기 다르겠지만, 남성의 비율이 여성보다 훨씬 높고, 연령대로는 50대가 가장 많으며 그 뒤를 40대, 70대, 60대가 잇는다.[1]

뇌는 인간의 모든 능력을 제어하는 사령탑으로, 기억력 등 인지기능뿐만 아니라 삶 그 자체에 깊이 관여하는 기관이다. 따라서 뇌가 별 탈 없이 기능하며 나이와 관계없이 꾸준히 성장할 수 있다면 하루하루를 즐겁게 보낼 수 있다. 더 나아가 우리가 꿈꾸는 이상적인 삶에도 한걸음씩 가까워질 수 있다.

그렇다면 왜 지금의 중년층은 이토록 불안과 무기력에 시달리는 것일까?

나는 뇌 전문의이자 뇌과학자로서 환자의 뇌가 성장하는 것을 목표로 삼고, 지금까지 1만 명 이상의 사람들을 '가토식 MRI'를 통해 진단하고 치료해왔다. 많은 환자와 대화하며 뇌의 상태와 뇌의 발달·미발달 부분을 설명해주었고, 개개인의 다양한 고민에 실질적인 해법도 제시해왔다. 그 이력들이 쌓이면서 나는 환자 대다수에게서 나타난 공통의 문제점을 발견했다. 바로 '잃어버린 호기심'이다.

내 클리닉에 찾아온 많은 이가 '이 일을 할 때만큼은 마음이 설렌다', '다음에는 이걸 해봐야지' 같은 기분을 느끼지 못하고 있었다. 즉, 만사에 호기심을 잃어버린 상태였다. 게다가 본인이 그런 상태인 것조차 인지하지 못하고 있었다.

왜 나는 만사가 귀찮을까?

호기심은 글자 그대로 '신기한 일 또는 지금까지 만난 적 없는 사람이나 사물에서 자극을 받아 흥미를 갖고 탐구하려는 마음'을 뜻한다. 그렇다면 중장년층은 왜 '호기심 결여 상태'에 빠져 있을까? 이는 그들이 자신도 모르게 자기감정을 억누르며 살아온 세대이기 때문이다.

좀 더 뇌과학의 관점에서 들여다보자. 뇌 신경세포의 집합체는 감정계, 기억계 등 기능별로 8개의 구역으로 나누어져 있다. 나는 이를 더 쉽게 이해할 수 있도록 주소 개념을 가져와 '뇌 섹터'라 부르기로 했다. 뇌는 우뇌와 좌뇌로 나뉘어 있으므로, 그에 따라 뇌 섹터도 각각 8개씩 좌우에 배치되어 있다('뇌 섹터'에 관해서는 3장에서 자세히 설명하겠다).

우뇌는 주로 오감에서 취득한 비언어적 정보(이미지·감각 등 언어화되지 않은 정보)를 처리하고, 좌뇌는 주로 언어 정보를 처리한다. 우뇌가 먼저 어렴풋한 감각과 이미지를 감지하면, 그 정보는 좌뇌로 전달되어 보다 선명한 언어와 감정으로 구체화된다.

　이 중에서도 '호기심'과 직접적으로 관련된 부분은 감정계 뇌 섹터다. 우뇌의 감정계는 타인의 감정을 읽는 기능을, 좌뇌의 감정계는 자신의 감정을 인식하고 표현하는 기능을 담당한다. 쉽게 말해, 우뇌 감정계는 사회적 공감 능력, 좌뇌 감정계는 자기감정의 자각 능력이라고 이해하면 된다.

　중년 환자의 MRI를 관찰해보면 우뇌(타인) 감정계 뇌 섹터는 발달했지만 좌뇌(자기) 감정계 뇌 섹터가 발달하지 못했거나 기능이 저하되어 있는 경우가 많다. 그들은 발달하지 못한 좌뇌 감정계를 지닌 채 인생의 후반기를 지나고 있다. 즉, 이들은 '남의 기분은 잘 살피지만 정작 자기 감정은 모르는' 상태로 오랜 세월을 살아온 셈이다.

　예컨대 "되도록이면 학벌이 좋아야지", "그래도 대기업에 들어가야 안정되지"라는 생각들은 사회적 분위기에 순응한 우뇌 감정의 산물이다. 당신도 혹시 이런 생각을 따라 자기 인생의 중요한 일들을 결정한 적은 없는가?

　물론 사회에 나와 회사에 출근하고 일을 하다 보면, 우뇌 감정을 억누르고 좌뇌 감정을 따르기 어려운 순간이 자주 찾아온다. 직장인은 우뇌 감정(회사 방침, 상사의 업무 방식)에 따르면 성공(승진, 고수입)을 손에 넣을 수 있기 때문이다.

중년층은 오랜 사회생활 동안 무의식적으로 좌뇌 감정을 억눌러왔다. 그 결과 감정을 억누르고 있었다는 사실조차 잊어버린 채, '무언가를 해보고 싶다'는 호기심까지 잃어버리고 만다(아리송하다면, 앞서 쓴 '해보고 싶은 일'을 몇 가지나 채웠는지 확인해보자).

좌뇌 감정이 깨어나는 시간, 45세 전후

타인의 감정을 수용하는 그릇인 우뇌 감정을 따라 살아가다 보면, 특정 시점에 '이게 내가 정말 원하는 일인가?'라는 의문을 품는 순간이 찾아온다. 이는 그동안 억압되어 온 자기 감정인 좌뇌 감정이 비로소 눈을 떠, 살려달라고 소리치는 순간이다. 우뇌와 좌뇌 감정이 균형을 이루지 못하면, 뇌는 스스로 그 불균형을 감지하고 내면의 감정을 깨우는 방향으로 반응하게 되어 있다.

좌뇌 감정이 깨어나는 시점은 대개 45세 전후다. 이 시기 이후로는 우뇌 감정과 좌뇌 감정을 구분해 자각하고 다룰 수 있는 역량이 생긴다. 최근 중년의 나이에 제2의 전공을 위해 대학에 진학한다거나 새로운 취미를 시작하는 등 재기를 노리는 중년을 자주 목격할 수 있다. 이는 좌뇌 감정이 되살아나면서 본래 지녔던 호기심을 다시 한번 불러일으키려는 시도라고 나는 생각한다.

그런데 이 시기의 사람들이 좌뇌 감정의 다급한 외침마저 억누르려 한다는 데 문제가 있다. 회사에서 일하는 4050은 정년을 맞이한 시점에 비로소 인생 2막을 고민한다. 외부 요인의 압력으로 눈치를 보다가, 우뇌 감정에서 해방되는 60대에 접어들고 나서야 좌뇌 감정을 되찾아야 한다는 과제를 다시 마주하는 것이다.

뇌과학적으로 보면, 45세 전후는 좌뇌 감정이 깨어나는 '최적의 전환점'이다. 지금까지 타인의 감정과 기준에 맞추며 살아왔다면, 이제는 자신의 내면과 감정을 향해 방향을 돌려야 할 때다. 이 시기를 흘려보낸다면, 정년 전까지 약 20년의 시간을 감정 없이, 무기력하게 보낼 수도 있다.

기억력 저하의 진짜 원인, 감정 결핍

45세를 전후해 많은 이들이 기억력 저하와 인지 기능 감퇴를 자각한다. 물론 이는 자연스러운 뇌의 노화 과정일 수 있다. 그러나 좌뇌 감정을 억눌러 호기심을 잃어버린 탓에 기억력 및 인지기능의 저하가 발생하는 경우도 매우 많다(뇌과학적으로 감정기억은 호기심과 밀접한 관련이 있으며, 감정을 동반한 기억은 더 오래 선명하게 유지된다).

어린 시절에는 누구나 크고 작은 호기심을 품으며 설레고 두근거리는 일상을 보낸다. 좌뇌 감정에서 비롯한 호기심은 강력한 영향력을 가지며, 꽤 오랫동안 유지된다. 좌뇌 감정으로 붙잡은 기억은 나이를 먹어도 지워지지 않는다. 반대로 타인의 기대나 기준에 맞춰 형성된 우뇌 감정의 기억은 금세 휘발되곤 한다.

뇌 섹터 측면에서 보면 감정계 뇌 섹터와 기억·인지에 관한 기억계 뇌 섹터는 서로 관련이 깊다. 좌뇌 감정을 회복하고 감정계 뇌 섹터를 활성화하면, 기억력과 인지력까지 향상되는 효과를 얻을 수 있다. 따라서 호기심이 잘 기능하면 기억력도 좋아진다는 것은 뇌과학적으로 일리가 있다. 호기심은 노쇠해진 뇌를 재생하는 '기폭제' 역할을 하며, 기억력과 인지기능을 올려주는 자극제이기도 하다.

호기심이 살아나면 뇌는 젊어진다

45세는 뇌 성장을 위한 최적의 타이밍이다. 이 시기에 해야 할 일은 단 두 가지다.

① 현재 내가 호기심 결여 상태라는 사실을 인지한다.
② 좌뇌 감정을 따르며 잃어버린 호기심을 되찾는다.

프롤로그

잃어버린 호기심을 되찾으려면 호기심이 가득했던 어린 시절로 돌아가야 한다. 원래 호기심이 없는 편이었다고? 호기심을 느낄 대상을 새로 발견해 그것을 키워가면 된다. 이 작은 실천은 당신의 일상에 활력을 불어넣고, 기억력을 끌어올리며, 뇌를 새롭게 깨어나게 하는 가장 자연스럽고 강력한 루틴이 될 것이다.

호기심을 회복하는 데에는 돈이 들지 않는다. 별도의 두뇌훈련이나 뇌 활성화 활동도 필요하지 않다. 나이 제한도 없다. 뇌는 나이에 상관없이 성장하는 기관이다. "이 나이에 뭘 또 하겠어…"라며 체념하지 말라는 뜻이다.

늘 젊게 사는 사람들을 유심히 관찰해보라. 그들은 좌뇌 감정에 충실하며, 하고 싶은 일을 기꺼이 실천에 옮긴다. 이들이 바로 최강의 '호기심 뇌'를 지닌 사람들이다.

이 책은 총 3장으로 구성되어 있다. 1장에서는 뇌의 잠재력과 호기심의 관계를 뇌과학적 측면에서 살핀다. 2장에서는 호기심의 씨앗을 발견하고 키우는 8가지 구체적인 방법을 소개한다. 이어서 3장에서는 뇌 섹터별로 '호기심 뇌'를 발달시키는 방법을 안내한다. 마지막 페이지를 덮을 즈음, 당신은 불안과 걱정에서 벗어나 일상을 즐기며 살아가는, 생기 넘치는 '호기심 뇌'의 주인이 되어 있을 것이다.

차례

2장 호기심 뇌로 전환하라: 뇌과학 기반 8가지 리부팅 전략

3장 뇌는 쓰는 만큼 달라진다: 8개 섹터별 호기심 훈련법

제1장

잠든 뇌가 깨어날 때: 호기심으로 열리는 새로운 세상

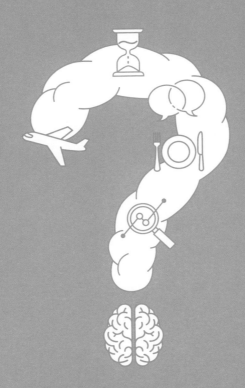

40대 이후의 뇌 성장: 잠재능력세포를 깨워라

지금 이 책을 읽는 사람 중에는 아마 자신의 뇌에 문제가 있다고 느끼거나 뇌 상태에 대한 불안감이 커지기 시작한 사람이 상당수일 것이다. 그런 분들을 위해 뇌가 무엇인지부터 차근차근 설명해보겠다.

인간에게는 다양한 능력이 있다. 손발을 움직이는 운동능력, 보고 듣고 느끼는 신체능력, 말하고 읽고 쓰는 언어능력 외에도 계산·인지·이해·사고·판단·적응·창조·포용·소통능력 등이 있다.

인간은 매일의 삶 속에서 새로운 능력을 익히고, 기존의 능력을 발전시키며 살아간다. 어떤 능력은 사용하지 않으면 자연스레 퇴화되기도 하지만, 그것은 능력이 없다는 뜻이 아니다. 누구나 자신의 경험에 따라 필요한 능력을 키우며 살아가고, 아직 쓰이지 않은 능력은 잠재력으로 뇌 속 어딘가에 남아 있다. 뇌는 그것들을 언제든 다시 꺼내 쓰고 발전시킬 수 있는 기관이다.

뇌에는 종류가 천차만별인 신경세포가 1천억 개 이상 공존한다. 이 신경세포들은 저마다 역할을 지니고 있는데, 비슷한 역할을 맡은 세포끼리는 모여서 집단을 형성한다. 신경세포 집단은 같은 유형의 신경세포가 모인 집합체의 형태로 뇌 속에 자리 잡고 있다. 이 집단들이 서로 연결되고 작동하면서 뇌라는 복잡한 구조가 비로소 움직이기 시작한다. 그리고 이 뇌의 정교한 작동이, 우리가 말하고 기억하고 판단하는 모든 능력의 토대가 된다.

나는 이 신경세포 집단이 자리한 위치를 '뇌 섹터'라 부른다. 각 뇌 섹터는 특정 기능과 연결되어 있으며, 이 책의 3장에서 자세히 다룰 예정이다.

모두의 뇌에는 개성이 있다

뇌의 신경세포에서는 '신경섬유'라는 회로가 뻗어나온다. 하나의 신경세포가 내보내는 정보를 다른 신경세포에 전달하기 위한 일종의 케이블 같은 구조다. 신경세포가 활발하게 작동할수록 신경섬유는 조금씩 두꺼워지면서 점점 네트워크를 크게 형성해간다. 나는 이것을 '뇌의 나뭇가지'라고 부른다. 내가 MRI를 이용해 관찰한 영상 속에서, 이 신경섬유들이 마치 나무가 가지를 친 것처럼 뻗어나가는 모양을 하고 있어서다.

뇌 나뭇가지의 수와 두께, 성장 정도는 사람에 따라 다르다. 다시 말해, 어떤 뇌 섹터는 성장하고, 어떤 뇌 섹터는 거의 변화가 없는 경우도 있다는 뜻이다. 사람마다 각자 얼굴의 모양이 다르듯이 뇌의 모양도 저마다 다르게 생겼다(심지어 한 사람의 뇌도 시시각각 변화한다). 이는 부모와 자식, 형제와 자매 사이에서도 유사성이 없다. 즉, 세상에 똑같은 뇌는 단 하나도 없다.

뇌는 죽을 때까지 성장한다

뇌의 개성은 선천적인 요소로만 생겨나는 것은 아니다. 뇌는 태아 때부터 2세 무렵까지는 유전자에 따라 성장해가지만, 그 이후부터는 각자의 경험과 자극에 따라 전혀 다르게 변화한다. 20대에서 40대 사이에 뇌는 사람마다 천차만별로 진화한다고 알려져 있다. 일반적으로 이 연령대의 뇌에서는 성장하고 싶어 하는 의지가 가장 강력하게 나타난다. 뇌에 '희망'이 있다고 보는 이유다.

인간의 뇌는 태어났을 때도, 성인이 되어서도 완성형이 아니다. 평생에 거쳐 성장할 수 있기 때문이다. 뇌는 경험을 통해 모습을 바꿔가며 죽을 때까지 성장하는 기관이다.

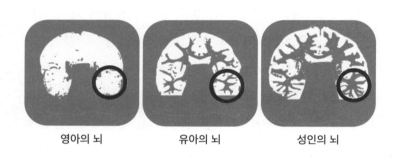

영아의 뇌   유아의 뇌   성인의 뇌

위의 뇌 MRI를 보면 성장에 따른 변화가 확연히 드러난다. 갓 태어난 아기의 뇌(왼쪽)에는 나뭇가지가 전혀 자라 있지 않아 뇌 전체에 굴곡이 없고 새하얗다. 그랬던 뇌가 2세 무렵 유아(가운데)가 되면 검은 줄기(나뭇가지)를 뻗기 시작한다. 조금씩 네트워크가 생겨나는 것이다. 성인의 뇌(오른쪽)에는 두꺼운 나뭇가지가 확실히 나타나 있다.

성인이 된다고 해서 모두가 잘 발달한 뇌를 갖게 되는 것은 아니다. 어떤 경험도 하지 않고 아무 자극도 주어지지 않는다면 뇌 나뭇가지는 자라날 수 없다. 뇌 세포는 근육 세포와 마찬가지로 사용하면 단련되고 발달한다. 뇌를 사용함으로써 나뭇가지는 점점 자라나고 성장해간다. 다시 말해 일상에서 뇌가 잘 기능하고 있는 사람이라면, 40세가 넘은 나이에도 여전히 뇌가 성장할 가능성이 있다. 반대로 뇌를 사용하지 않는다면 젊은 나이에도 뇌는 얼마든지 퇴화할 수 있다.

뇌 안의 보물, 잠재능력세포

뇌 성장 가능성은 태아 때 생성된 신경세포와 관련이 깊다. 우리 뇌 속에는 태어났을 때와 똑같은 상태로 사용되지 않은 채 잠들어 있는 신경세포가 엄청나게 많이 있다.

앞으로 성장할 가능성이 있는 '보물' 같은 이 세포를 나는 '잠재능력세포'라고 부른다. 잠재능력세포는 심지어 100세가 넘은 사람의 뇌에도 살아 있다. 태아 때부터 지니고 있던 이 세포는, 언젠가 눈을 뜰 시기가 찾아올 거라며 때를 기다리고 있다. 무서운 말처럼 들리겠지만, 새로운 자극과 경험이 없다면 이들 세포는 활성화되지 못한 채 방치되어 그대로 묻혀버린다(눈치 빠른 독자라면 이 세포를 깨우는 자극과 경험을 선사하는 주인공이 바로 '호기심'이라는 점을 이미 알아챘을 것이다).

잠재능력세포는 우리에게 보물이 가득 쌓인 산과 같다. 40대에 접어들면 사람들은 재테크에 열을 올리지만, 사실은 뇌 속에 잠들어 있는 이 잠재 능력부터 제대로 발굴해 활용하는 것이야말로 진정한 '자산 운용'이라 할 수 있다. 늦은 나이에 시작한 일에도 성과를 얻는 사람, 나이를 먹을수록 점점 더 매력적인 사람은 이 보물을 제대로 운용해 끊임없이 불려온 사람들이다.

인간의 뇌는 단련하면 성장한다. 예컨대 일정 기간 내에 뇌를 훈련하면 뇌에는 그만큼 근육이 붙는다. 그와 동시에 운동과 관련한 뇌의 부위(운동계 뇌 센터)가 자극을 받고 단련되며 크기도 성장한다. 심지어 그 속도는 우리가 상상하는 것 이상으로 빠르다. 뇌를 자극해 훈련한다고 의식하며 한두 달 생활하는 것만으로도 뇌의 상태는 확연히 좋아진다. 고작이라 생각한 짧은 기간에도 유연하게 변하는 기관이 바로 뇌다.

당신 뇌의 전성기는
아직 오지 않았다

40대 후반부터 급증하는 노화물질

뇌는 새로운 자극과 경험에 따라 모습을 바꿔가며 죽을 때까지 성장하는 기관이다. 그러나 사람들 대다수는 45세가 지난 시점부터 건망증과 집중력 저하 등의 '여러 증상'을 통해 뇌의 노화를 알아차린다.

40대 후반이 되면 우리의 몸속에서는 다양한 변화가 일어난다. 30대까지만 해도 건강한 내장기관 덕분에 소화·흡수·대사기능이 원활해 폭음이나 폭식을 하더라도 몸에 별다른 문제가 발생하지 않는다. 하지만 40대에 접어들면 상황이 달라진다. 과로한 날이 조금 쌓이거나 불규칙한 생활이 이어지면 신체 건강은 금세 나빠진다. 노화의 경고등이 켜지기 시작한 것이다. 신경계 기관인 뇌도 예외는 아니다. 건망증이 바로 뇌의 노화 신호 중 하나다.

그렇다면 뇌의 노화는 왜 일어날까? 40대 후반이 되면 이전까지의 뇌 속에는 거의 없던 아밀로이드 베타Amyloid beta 등 인지장애의 원인이 되는 '노화물질'이 늘어난다. 아무리 건강하고 활기찬 사람이라도 신경세포가 노화를 시작하면 '해마'(뇌 중심부에 위치하며 기억을 관장함)에 위축 현상이 나타난다는 사실도 연구를 통해 밝혀졌다. 이처럼 뇌의 미묘한 변화가 뇌의 성장을 저해하고 기능을 저하하는 요인이 될 수 있다.

슈퍼 브레인 세 영역

한편 뇌에는 평균적으로 50대가 지난 나이여야만 성장이 정점에 달하는 부분도 있다. 이는 뇌의 앞부분에 있는 '초전두엽'이라고 불리는 곳으로, 실행력과 판단력을 관장하는 영역이다. 이뿐만 아니라 30대에 정점을 찍고 기억력과 이해력에 관계하는 '초측두엽', 40대에 정점을 찍고 오감으로 얻은 정보를 바탕으로 분석과 이해를 담당하는 '초두정엽'이 있

다. 이 세 부위를 합친 영역을 나는 '초뇌엽'(슈퍼 브레인 영역)
이라고 이름 붙였다.

'초뇌엽'은 인간만이 가진 특별한 기관으로, 뇌에서도 특
히 복잡한 정보처리를 담당하는 '초엘리트 뇌세포집단'이라
고 할 수 있다. 천재라 불리는 사람들이 내뿜는 번뜩임은 초
뇌엽의 기능과 관련이 있다고 한다.

그중에서도 초전두엽은 80세 이상의 건강한 고령자 중에
서도 위축되는 경우가 거의 없었으며, 100세를 넘어서도 계
속해서 성장한다는 사실이 밝혀졌다. 또한 초전두엽이 활발
하게 기능하는 사람일수록 스트레스에 대한 회복탄력성이
높다는 사실도 확인됐다.

초전두엽이 발달하면 원래 지니고 있던 실행력과 판단력
이 올라갈 뿐만 아니라 인생의 경험을 토대로 깊이 이해하

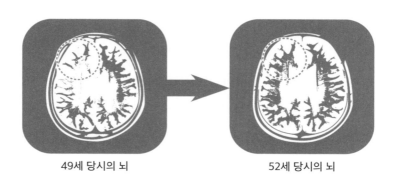

49세 당시의 뇌   52세 당시의 뇌

고 생각하는 힘도 커진다. 더불어 타인과 어울리며 쌓아온 소통능력까지 살아날 수 있다. 즉 사회생활에서 많은 경험을 축적해온 4050은 초두정엽와 초전두엽이 활발하게 기능하는 나이이기에, 복잡한 주제나 상황을 더 잘 이해하고 이를 토대로 적절한 판단을 내리기에 유리한 면이 있다. 이 세대야말로 다양한 경험과 지식이 뒷받침된 사고력과 이해력을 갖춘, 개성과 장점이 더욱 빛나는 전성기를 맞이할 가능성이 크다.

성장하는 뇌에 노화는 없다

뇌과학적 관점에서 보면 40·50대의 뇌에는 나이 듦에 따른 노화 징후가 서서히 나타난다. 그러나 한편으로 이 나이대의 뇌는 새로운 개성을 발휘할 가능성을 품은 뇌라고도 할 수 있다. 45세 전후로 사람들은 크게 두 부류로 나뉜다. 급격히 노화가 찾아온 사람과 일과 취미를 더 건강하게 이어가는 사람이 그것이다. 앞서 소개했듯이 우리 클리닉에 상담하러 오신 분들은 거의 이 연령대에 속한다. 다시 말하면 이들은 지금 이 시점의 선택과 실천에 따라 뇌의 가능성을 살려 더 나은 여생을 만들어가는 사람이 되거나 그 가능성을 놓친 채 퇴화의 길을 걷게 되는 사람으로 남은 생을 살아가

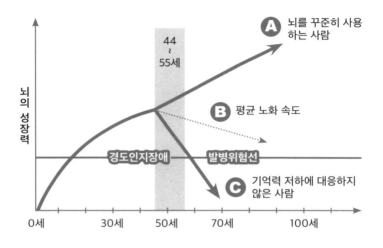

게 된다.

위의 그래프를 보자. A는 꾸준히 뇌를 사용해 50세를 넘어서도 뇌가 계속해서 성장하는 경우다. 나이가 들어감에 따라 점점 더 좋아지며, 평생 인지장애와 관련한 걱정 없이 살 수 있는, 그야말로 이상적인 모습이다. B는 일반적으로 볼 수 있는, 나이가 들면서 뇌가 완만하게 노화하는 경우다. 문제는 C다. 기억력 저하를 자각하고도 아무런 대처를 하지 않은 경우, 뇌의 성장력은 빠르게 떨어지고, 70세 이전에 인지장애가 찾아올 위험이 매우 높다는 사실이 밝혀졌다. 이처럼 45~55세 사이, 어떤 방식으로 뇌를 유지하고 관리하느

뇌의 성장력과 노화도의 차이

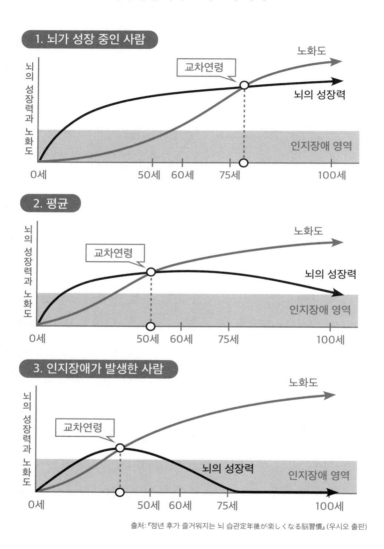

1. 뇌가 성장 중인 사람

노화도

뇌의 성장력과 노화도

교차연령

뇌의 성장력

인지장애 영역

0세　50세　60세　75세　100세

2. 평균

노화도

뇌의 성장력과 노화도

교차연령

뇌의 성장력

인지장애 영역

0세　50세　60세　75세　100세

3. 인지장애가 발생한 사람

노화도

뇌의 성장력과 노화도

교차연령

뇌의 성장력

인지장애 영역

0세　50세　60세　75세　100세

출처:『정년 후가 즐거워지는 뇌 습관定年後が楽しくなる脳習慣』(우시오 출판)

호기심의 뇌과학

냐에 따라 평생을 좌우할 수준의 격차가 발생한다.

좌측의 그래프를 보자. 이는 뇌의 성장력과 노화도의 관계를 나타낸 것으로, 대부분 사람들은 두 번째 그래프처럼 50세 무렵을 기점으로 뇌의 성장력과 노화도가 교차하는 경향을 보인다. 이 시점을 '교차연령'이라고 부른다.

그런데 평균보다 뇌 성장이 더딘 사람은 노화 속도가 남들에 비해 빠르고(교차연령보다 더 빨리 노화가 진행되기도 한다), 조기에 인지장애가 오기 쉽다(세 번째 그래프). 반대로 100세까지 뇌가 성장하는 사람(첫 번째 그래프)은 노화 속도가 나이에 비해 느리고(교차연령도 느리게 찾아온다) 인지장애가 올 가능성도 작다.

결국, 나이가 들면서 점점 노화가 빠르게 진행되는 사람과 점점 더 활기차고 건강해지는 사람의 차이는 뇌의 성장력에 있다. 인생의 후반기를 활력과 희망으로 채우느냐, 아니면 노화와 함께 정체되는 삶으로 접어드느냐를 결정짓는 분기점은 바로 45세에서 55세 사이다. 그러나 중요한 건, 늦은 시점은 없다는 사실이다. 뇌는 언제든 자극을 통해 성장할 수 있으며, 오직 '더 성장하겠다'는 의지만 있다면 인지장애와 무관하게 젊음과 건강을 유지하며 눈부신 후반기를 맞이할 수 있다.

프롤로그에서도 설명했듯 이 시기에 분기점이 형성되는 배경에는 지금까지 억압되어 온 좌뇌(자기) 감정이 깨어나기 시작하는 현상이 있다. 45세가 넘은 나이에도 전보다 더 건강하고 빛나는 일상을 보내는 이들은, 좌뇌 감정에서 비롯되는 호기심을 소중히 키우고 새로운 자극과 경험을 차례차례 추구한 사람들이다. 이들은 지금도 뇌 성장을 이어가는 사람이다. 반면 급격히 노화를 맞이하는 사람은 우뇌(타인) 감정을 오랜 기간 따르다 보니 좌뇌 감정이 발달하지 못했고, 이에 따라 호기심을 잃고 뇌의 성장이 서서히 쇠퇴한 상태에 빠져 있다. 이 상태가 지속되면 뇌는 서서히 죽어가는 것과 다름없다. 이 좌뇌 감정을 되살려내야 한다.

깜빡깜빡 건망증에 도사린 위험

의학적 측면에서 보자면 건망증이나 기억력 저하 자각은 여러 증상 중 하나일 뿐이다. 놀랍게도 기억력 저하를 자각한(2014년 고안된 개념인 주관적 인지 감소SCD, Subjective Cognitive Decline) 그룹과 전혀 자각이 없는 그룹을 비교하면 자각한 그룹 쪽이 인지장애의 위험이 높다는 사실이 확인됐다.[1]

기억력 저하 자각 증상은 대체로 45세쯤부터 일어나는데, 이때 문제는 사람들이 대체로 '나이 먹어서 어쩔 수 없다'며

체념한다는 점이다. 이렇게 증상을 방치하는 사람은 앞서 봤듯 뇌의 인지기능이 서서히 떨어지다가 급속히 노화가 진행된다. 일정 수준까지 인지기능이 저하되면 인지장애가 온다. 이는 인간이라면 누구에게나 찾아오는 증상으로, 예외는 없다.

이러한 이유로, 국제 기준에서는 가능한 한 뇌의 성장을 지속시켜 인지기능을 높게 유지하는 것이 인지장애 예방에 중요하다고 권고하고 있다. 중요한 것은 지금의 자신(좌뇌 감정)을 올바르게 이해하고 거기서 비롯되는 호기심에 따라 뇌를 자극해 성장시키는 일이다.

건망증 및 기억력 저하의 원인으로는 크게 3가지가 있다.

① 수면장애, ADHD(주의력결핍과잉행동장애) 등에 따른 병적인 기억력 저하
② 일과 가사 등 하루에 소화하는 업무량이 본인의 처리능력을 넘어서는 경우
③ 사회(우뇌 감정)에 맞추기만 하고 자기(좌뇌 감정) 의사를 존중하지 않는 경우, 익숙한 것을 선호하는 성향(보수적)

성인 발달장애 중에서도 특히 ADHD 소인이 있는 사람은

바쁜 상황에 놓였을 때 건망증이 더 심해진다. 때로는 본인이 조기 치매에 걸렸다고 착각하기도 한다. 이제야 비로소 적극 논의되고 있는 성인 ADHD는, 전체 환자 중 98퍼센트가 치료받지 않은 상태라는 보고도 있다.

수면장애도 언어능력과 기억력을 저하시킨다. 중년 여성이 자주 경험하는 렘수면 상태의 수면 무호흡증은 기억장애와 관계가 있어 그 중증도가 심해질수록 기억력도 저하된다고 알려진 바 있다.[2] 이것을 '병적인 기억력 저하'라고 한다.

②에 언급된 처리능력에 관해서도 유의해야 한다. 물론 사람마다 기억력에는 큰 차이가 있다. 작업기억 능력이 크고 작업효율도 높은 사람은 이미 경험해서 완벽히 알고 있는 일을 시원시원하게 처리할 수 있다. 그러나 개개의 작업효율이 낮은 사람은 동시에 여러 일을 처리하기 어려울 수밖에 없다. 너무 많은 양의 물을 양손으로 받으려 하면 흘러넘쳐 버리듯, 가진 용량에 비해 일의 분량이 많아지면 망각하는 양도 늘어난다.

이처럼 건망증이 심해졌다고 느낄 때, 잊어버리는 것은 대부분 자신에게 흥미가 없는 정보이거나 무의식적으로 반복하던 습관적인 일들이다. 이런 경우에는 애초에 뇌가 깊이 개입하지 않았기 때문에 기억에 남지 않는 것이다. 이것이 건망증 유형 중 ③에 해당하는 경우다. 반대로 조금이라도 흥미가 있는 일이라면 그에 관한 사소한 부분까지 기억하고 있지 않은가? 나는 이를 '감정기억'이라고 부른다.

사회적 분위기나 타인의 요구(우뇌 감정)에만 맞추며 살아온 중년들이 겪는 건망증은 사실상 '호기심을 잃은 뇌'가 보내는 신호다.

기억력이 떨어졌다고 느낀다면 곧바로 증상이 병적인 수준인지 아닌지 생각해보자. 확실히 병은 아니라고 진단받았다면, 현재 할 일이 너무 많은 상태는 아닌지 확인해보자. 아니면 우뇌 감정을 지나치게 따르느라 자신의 감정에 무뎌진, 호기심을 잃어버린 상태일지도 모른다.

우리 클리닉에 상담하러 오는 분들의 이야기를 듣고 있으면 40세를 넘은 무렵부터 '갑자기 뭔가를 자주 잊어버린다', '갑자기 머리가 돌아가지 않는다'라고 호소하는 분들이 많다. 하지만 뇌 상태가 하루아침에 나빠지는 일은 없다. 대개는 훨씬 전부터 조금씩 뇌 기능이 저하되고 있었음을 인식하지 못한 채 지내다가 뒤늦게 자각한 것일 뿐이다.

마흔 이후에 호기심이
더욱 중요한 이유

건강하고 의욕적인 중년 여성

40대 이후에도 뇌를 지속적으로 성장시키는 원동력은 새로운 자극과 경험을 추구하는 호기심이다. 여기서는 좌뇌 감정에서 생겨나는 호기심이란 무엇인지를 더욱 잘 이해하기 위해 중년의 행동 패턴을 비교해볼 것이다.

　나는 클리닉에서 환자들을 치료하는 일 외에도 여러 강연을 다니고 있다. 강연장에서 늘 흥미롭게 관찰하는 현상이 있다. 나이가 들수록 남성보다 여성이 더욱 건강하고 활기차게 살아간다는 점이다. 강연이 끝난 후에도 적극적으로 대화를 시도하는 이들은 대부분 여성이다. 그들은 새로운 취미 생활, 친구와의 여행 이야기, 좋아하는 연예인 이야기 등을 열정적으로 나누며 삶을 즐긴다. 심지어 강연장에서 처음 만났음에도 그 자리에서 바로 친해져 함께 차를 마시러 가는 분들도 자주 목격한다.

　우리 집 근처의 인기 카페에서도 비슷한 광경을 볼 수 있다. 휴일 점심시간이면 중년 여성들이 모여 환한 웃음으로 이야기꽃을 피운다. 반면 남성들의 모습은 사뭇 다르다. 강연장에서도 수동적으로 듣기만 하다가 끝나자마자 홀로 자리를 떠나는 경우가 많다. 카페에서도 남성 손님은 대부분 배우자와 함께 온 부부 손님이며, 그들은 대개 아래를 내려다보며 다소 불편한 기색을 보인다.

이렇게 큰 차이를 보이는 단 하나의 이유

40대 후반이 되면 모든 사람이 젊을 때와 다른 행동 패턴을 보이는데, 성별에 따라 그 방향성이 확연하게 달라진다.

중년 남성

- 실적과 경력을 바탕으로 자존심을 강하게 내세움(다른 일을 시도하기가 힘듦)

- 시사 이슈, 스포츠, 업무 등 제한된 분야의 깊이 있는 대화 선호
- 업무 관련 이외의 사람과 교류가 적음
- 일상적 대화와 교류에 소극적임
- 전문성은 있으나 경직된 사고방식

중년 여성

- 호기심을 바탕으로 새로운 도전에 적극적임
- 다양한 주제의 대화에 어려움을 느끼지 않음(연예계 이슈부터 이웃의 소문까지)
- 이웃, 직장 동료, 아이 친구 엄마 등 다양한 인간관계 형성
- 타인과의 대화, 수다를 대부분 좋아함
- 전문성은 부족할 수 있지만 상황 적응력이 뛰어남

남녀의 경향성·행동 패턴을 비교해보면 나이가 들면서 '점점 밖을 향하며 건강해지는 여성'과 '서서히 내면으로 시들어가는 (듯 보이는) 남성'의 모습이 드러난다(물론 예외는 다수 있다). 왜 이런 차이가 뚜렷하게 나타날까?

중년 남성들은 많은 경우, 오랜 세월 회사 생활에 몰두하며 승진 경쟁에 매진해왔다. 이 과정에서 타인의 기대와 요

구(우뇌 감정)에 맞추느라 자신의 내면(좌뇌 감정)을 억누르게 된다. 이러한 생활이 지속되면서 때때로 피어나는 호기심의 싹마저 스스로 꺾어버리고, 결국에는 새로운 것을 향한 관심 자체를 잃어버리게 된다. 더욱이 자신의 경력과 경험에만 의존하여 고집스러운 태도를 보이다 보니, 나이가 들수록 자신만의 좁은 세계에 갇히는 경향을 보인다. 그 결과 대화의 소재가 한정되고 인간관계도 자연스럽게 축소된다. 우리는 이러한 중년 남성의 모습을 주변에서 쉽게 찾아볼 수 있다.

반면 여성은 결혼 등으로 인해 변화하는 생활 양식, 늘어나는 가사, 육아와 부모 간호 등 생애주기의 단계가 바뀔 때마다 이웃·직장 동료·식구까지 다양한 인간관계 속에서 그때그때의 상황에 적응하며 살 수밖에 없었다. 가족을 돌보며 일상을 꾸리는 것만으로도 벅차기에, 결과적으로 자신도 모르는 사이에 호기심의 문을 닫아버리거나 호기심을 갖고 있었다는 사실조차 알아차리지 못한 채 중년을 맞이한다. 하지만 시간적, 경제적 여유가 생기는 시기가 오면, 마치 겨울잠에서 깨어나듯 자신이 하고 싶었던 일들을 적극적으로 실천해나간다. 우리 주변의 중장년 여성 대부분이 이런 패턴을 보인다.

이처럼 중년의 행동 패턴에서 성별로 큰 차이를 보이는 이유는 단 한 가지다. 남성은 호기심을 잃어버리고 그 상태에 머무르는 데 반해 여성은 그동안 빗장을 걸고 감춰왔던 마음속 '호기심의 문'을 열어젖혔기 때문이다. 물론 남성은 사회적 시선을 의식하거나 자존심이 허락하지 않아 실행에 옮기지 못하는 일이 많다. 그에 비해 여성은 좌뇌 감정 그대로 '내가 하고 싶다'는 마음만으로 행동으로 옮기는 데 거리낌이 없다.

이처럼 호기심을 잃고 안으로 숨어들어 새로운 자극과 경험을 얻을 기회를 놓치는 남성의 행동 패턴은 뇌를 노쇠하게 만드는 요인 중 하나다. 한편 호기심이 왕성하고 새롭고 다양한 자극과 경험을 추구하는 여성의 행동 패턴은 뇌의 성장을 촉진한다.

다만 여기서 소개한 예는 어디까지나 일반적인 경향을 말한 것이며 개인차가 존재할 수 있다. 시대가 변화함에 따라 서서히 이런 성별 격차도 흐려지고 있고, 개인마다 상황도 매우 다르므로 차이가 크다는 점을 이해해주기 바란다. 중요한 것은 특정 성별의 특성이 아니라, 건강한 중년 여성들이 자연스럽게 보여주는 것처럼 좌뇌 감정에서 비롯된 호기심이 뇌를 자극하고 성장시킨다는 사실이다.

해마의 발달 속도가 성격을 결정한다?

뇌의 구조와 기능에는 성별에 따른 차이가 존재한다. 우뇌는 정보를 처리하고, 좌뇌는 이 정보를 언어로 변환하는데, 두 영역은 지속적으로 정보를 주고받는다. 이때 좌우 두뇌를 연결하는 통로를 '뇌량'이라 한다. 만약 교통사고와 같은 외부 충격으로 뇌량이 손상되면, 좌우 뇌 사이의 정보 교환이 원활하지 않게 된다. 이로 인해 동시에 여러 일을 처리하기 어려워지고, 시각적 정보를 언어로 표현하는 능력이 저하되는 등 인지 기능에 심각한 문제가 발생한다.

우뇌와 좌뇌 사이의 정보 교류가 활발하다는 것은 그만큼 뇌의 많은 부분이 기능한다는 뜻이다. 반대로 교류가 적으면 뇌의 특정 부분만 깊이 발달하게 된다. 뇌의 기능 중에서 가장 중요한 작용을 담당하는 뇌량은 남성이 여성보다 평균적으로 약 2밀리미터 얇다고 한다. 이에 따라 여성은 남성보다 좌우 뇌 사이의 교류가 더 활발하다. 이는 다양한 일에 소질이 있는 여성과, 특정 분야의 전문성은 높지만 유연성이 떨어지는 남성의 특성과 연관된다. 최근 연구에 따르면 이러한 뇌 구조의 차이는 인지적 접근방식과 문제해결 전략에도 영향을 미친다고 한다. 다만 이러한 차이를 그저 뇌량의 두께 차이로만 설명하는 것은 지나친 단순화일 수 있다.

뇌량의 차이보다 더 주목할 만한 성별 차이는 우뇌와 좌뇌에 있는 해마의 발달 양상이다. 해마는 뇌 중심부에 위치한 기억 담당 기관으로, 태아기부터 회전하며 고랑을 형성하여 10세 무렵 완성된다.

MRI로 좌뇌 해마의 발달 과정을 관찰하던 중, 나는 예상보다 해마 회전이 지연되는 현상을 발견하고 이를 '해마 선회 지체'라 명명했다. 연구 결과, 이 현상은 한쪽 해마에서만 발생하며, 98퍼센트가 좌뇌 해마에서 나타났다. 특히 남성은 여성보다 약 3배 더 높은 발생률을 보였다. 이는 남성에게서 더 자주 관찰되는 발달장애와 언어발달 지연 현상의 과학적 근거가 될 수 있다.[3]

이처럼 뇌의 기질적·기능적 차이로 미루어보았을 때, 남성은 여성보다 언어 능력이 약하고 경직된 사고방식을 보이며 타인의 말을 수용하기 힘들어하는 경향이 있다.

반면 여성은 우수한 언어능력과 이해력을 바탕으로, 활발한 소통 성향을 보인다. 실제로 여성들은 다양한 상황에서 적극적으로 대화하고 정보를 교환하는 모습을 보인다. 수다가 스트레스 해소에 적지 않은 도움이 된다는 점도 상당히 그럴듯하다.

남자에게 미래를, 여자에게 과거를 묻지 말라

일본에는 남자의 미래와 여자의 과거는 묻지 말라는 말이 있는데, 무슨 뜻일까? 이는 남성은 과거(의 업적)에 묶여 있다면 여성은 미래의 가능성을 향해 나아간다는 의미에 가깝다. 지금까지 설명해온 중년의 행동 패턴과 일맥상통하는 것 같지 않은가?

남성은 호기심이 없고 여성은 호기심이 왕성하다는 이분법적인 결론은 아니다. 남성 중에도 중년이 된 나이에도 일과 취미에 호기심을 갖고 건강하게 하루하루 살아가는 이들이 있고, 여성 중에도 수다나 담소를 힘들어하는 이들도 많다. 앞서 언급했듯이 인간의 뇌는 각자 고유한 개성을 지니고 있어, 호기심의 방향과 경험의 형태, 그리고 그것이 뇌에 미치는 영향도 개인마다 다르게 나타난다.

다만 한 가지 분명한 사실은 호기심이 뇌 성장의 핵심 동력이라는 점이다. "중년에게 무슨 호기심인가"라는 편견을 넘어, 스스로 깊이 고민해보기 바란다.

호기심,
뇌를 깨우는 스위치

뇌의 나뭇가지를 풍성하게 하는 호기심

건망증에 관한 고민에서 벗어나고 싶고, 뇌를 성장시키며 매일 건강하고 활기차게 살아가고 싶다면 필수로 갖춰야 할 것이 있다. 바로 좌뇌 감정에서 비롯되는 호기심이다. 뇌과학 연구들은 호기심의 상실이 뇌의 노화를 촉진한다는 사실을 다양한 방식으로 입증하고 있다.

　상담을 진행하다 보면 "하고 싶은 일이 없다", "아무런 흥미도 생기지 않는다"고 호소하는 사람이 많다. 이들의 뇌 MRI가 변화하는 모습을 살펴보면, 활발히 활동하던 영역은 서서히 좁아지고, 뇌 나뭇가지는 점차 사라지며 전체적으로 뇌의 회로가 줄어드는 모습이 여실히 나타난다.

그 반대도 마찬가지다. 호기심이 왕성한 사람의 뇌 나뭇가지는 몇 살을 먹든 계속해서 성장한다. 80세가 되었다는 어느 경영자의 이야기를 들어보자. 그는 70대에 춤을 시작하고 바둑 유단자가 되는 등 일상이 호기심으로 꽉 차 있는 매우 활동적인 사람이었다.

그러던 어느 날 그가 내게 물었다. "제 뇌가 더 건강해질 방법은 없습니까?" 나는 그에게 되물었다. "지금까지 안 해 봤던 일 중에 해보고 싶은 일이 있으십니까?" 그는 대답했다. "살면서 드럼을 쳐본 적이 없어요. 사실 어릴 적에 해보고 싶었습니다. 드럼을 치는 것만으로도 뇌가 훈련됩니까?" 나는 대답했다. "설레는 마음이 드신다면 한번 해보세요. 드럼은 양손, 양발을 모두 사용하기 때문에 아주 좋은 뇌 운동입니다." 이후 그는 매주 한 번 드럼을 배우러 다니기 시작했고, 집에서도 꾸준히 연습하는 시간을 가졌다.

다음 이미지는 이분이 1년간 드럼을 배우기 전후 MRI 결과를 비교한 것이다.

두 사진을 보면 알 수 있듯이 나이를 먹으면 뇌는 일정 부분 수축한다. 건강한 편에 속하는 분임에도 MRI 사진에 하

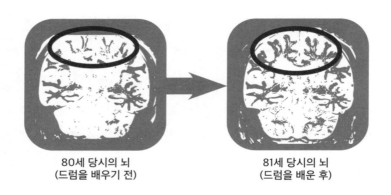

80세 당시의 뇌
(드럼을 배우기 전)

81세 당시의 뇌
(드럼을 배운 후)

얗게 보이는 부분(비활성 영역)이 꽤 존재한다. 비슷한 나이의 사람들의 뇌에서도 이와 유사한 특징을 확인할 수 있다.

80세와 81세의 MRI를 비교해보자. 타원으로 표시된 영역을 살펴보면, 1년 만에 뇌 나뭇가지가 성장하여 검은 영역이 확연히 증가했다. 이는 명백한 뇌 성장의 증거다.

이분의 뇌가 특수한 건 아니다. 80세라도 호기심을 가지고 행동에 옮기기만 한다면, 단 1년 만에 20·30대와 같은 수준이라고 해도 좋을 만큼 뇌는 성장할 수 있다. 모두에게 해당되는 사실이다. 즉, 호기심을 발휘해 행동으로 옮기면 그만큼 뇌는 성장한다. 이는 나이를 먹어 노화하기 시작하는 뇌에도 똑같이 적용된다. 호기심은 뇌를 리부팅하는 기폭제이기도 하다.

우리가 지향해야 할 목표는 실제 나이 90세에도 뇌 나이는 65세로 유지하는 것이다. 예를 들어 현재 45세라면, 앞으로 45년이 지나 90세가 되더라도 뇌는 20년만 늙도록 하는 것이다. 이는 호기심을 통해 노화 속도를 뛰어넘는 뇌 성장력을 유지함으로써 가능하다. 25년이나 젊은 뇌로 산다는 것이 비현실적으로 들릴 수 있지만, 이는 충분히 실현 가능한 목표다. "이 나이에 무슨", "이 정도면 됐지", "이게 한계야"라는 생각으로 안주하며 산다면 뇌는 성장을 멈추고 능력은 퇴보할 것이다.

호기심의 선순환 구조

인간은 오래전부터 호기심을 '미지의 것을 탐구하려는 본질적인 욕구'로 인식해왔다. 이미 19세기 후반부터 호기심에 관한 과학적 연구를 진행했으며, 그 과정에서 과학자들은 호기심이 인간과 동물의 행동에 큰 영향을 준다는 것을 발견했다. 새로움과 놀라움은 호기심을 자극하여 뇌간에 있는 노르아드레날린 작동성 뉴런을 활성화한다. 최근 연구에서는 해마에서 노르아드레날린과 도파민이라는 신경전달물질을 분비하며 이것이 기억력을 높이는 요인이라는 사실이 증명되었다.[4] 나아가 선명한 장기기억으로 분류되는 에피소드

기억에도 이들 신경회로가 관여한다는 점이 드러나기도 했다.[5]

도파민은 기억력을 높일 뿐만 아니라 의욕도 고취하기 때문에 인간의 인지기능을 활성화한다고 알려져 있다. 마찬가지로 불안과 스트레스 정도를 낮추는 세로토닌과 공감력을 높이는 옥시토신은 본래 '행복 호르몬'이라 불리며 행복감을 선사하는 신경전달물질이다. 이들 신경전달물질이 다량 분비되면 의욕과 행복감이 증폭되고, 두근거림과 설렘이 생겨나고 호기심이 발현된다. 이것이 호기심의 선순환 구조다.

호기심을 계속 가지고 살아가면 평소 스트레스를 받던 일도 전처럼 힘들게 느껴지지 않고, 부정적으로 다가왔던 일에 대해서도 관점이 바뀌어 긍정적으로 받아들이게 된다. 일상이 점점 편안해지는 것이다.

다만, 놀라움과 '도파민 뉴런' 활성화의 직접적 연관성은 아직 명확히 입증되지 않았으며, 세로토닌과 도파민이 놀라움과 새로움에 어떻게 반응하는지 이해하기 위해서는 뇌 시스템에 대한 추가 연구가 필요한 상황이다.

기억력 감퇴의 진짜 원인은 노화가 아니다

건망증이 걱정돼 두뇌훈련에 도전한 적이 있는가? 수차례

시도해봤으나 효과를 느끼지 못해 중간에 그만둬버린 적도 있을지 모르겠다. 이러한 실패의 원인을 뇌의 노화로 돌리기 쉽지만, 실제로는 두뇌훈련에서 호기심을 자극하지 못했기 때문일 수 있다.

즐겁다, 재미있다 등 설레는 기분이 없다면 아무리 훌륭한 두뇌훈련도 지속하기 어렵다. 그 상태에서 무리하게 계속해봐야 뇌는 어떤 효과도 보지 못할 것이다(고가의 영어 학습 교재를 구매하고도 금방 포기하는 것도 같은 맥락이다).

일상에서도 마찬가지다. 예컨대 외출 시에 가족이 뭔가를 사오라는 부탁을 까맣게 잊어버리는 때가 종종 있다. "혹시 치매나 건망증 아냐?"라는 소리를 듣거나, "이제는 나이 먹어서 어쩔 수 없어"라며 농담 반 진담 반으로 씁쓸히 변명해보기도 한다. 그렇지만 이런 상황도 사실 뇌의 노화가 원인이 아닐 수 있다. 해당 요청이나 대화 상대에 대한 진정한 관심이 부족했다면, 뇌는 그 정보를 자연스럽게 걸러내게 된다. 이는 기억력의 문제가 아닌 호기심의 문제인 것이다.

반대로 가족이나 친구와 함께 여행을 갔다가 근사한 경치를 바라보던 오래전 기억을 떠올려보자. 설레거나 애틋한 기분이 들면서 "중학교 때 수학여행으로 여기 왔었지", "그때 누가 버스에서 큰소리로 그 노래를 불렀지" 등등 아주 사소한 일까지 떠오르기도 할 것이다. 이처럼 호기심은 오래 전 기억을 생생하게 되살리는 강력한 촉매제다. 이러한 호기심과 결합된 기억을 감정기억이라 하는데, 특별한 점은 호기심이 하나의 기억을 불러일으키면 그것이 다른 기억들과 연결되어 끊임없이 새로운 기억의 고리를 만들어낸다는 것이다.

뇌 건강을 위한 새로운 처방: 덕질의 힘

'덕질'이야말로 호기심을 지속적으로 자극하는 최고의 활동임을 아는가? 자신의 '최애'를 위한 작은 고민만으로도 끊임없이 새로운 아이디어가 떠오르고, 이 과정에서 나이와 배경을 초월한 인연이 만들어진다. 이렇게 확장된 관계망은 더 많은 호기심을 불러일으켜 뇌를 활발하게 작동시킨다.

최애 또는 함께 덕질하는 사람을 직접 만나러 가거나, 최애와 관련된 '성지'를 순례하는 과정에서 자연스레 활동 반경이 늘어난다. 이러한 활동들은 취미생활 이상의 의미가 있다. 자연스러운 운동 효과와 일상의 활력 증진까지 이끌어내기 때문이다.

일본의 전통 미학에는 '시듦의 미학'이라는 개념이 있다. 이는 쓸쓸함과 불완전함에서 아름다움을 찾으려는 사조인

데, 적극적으로 새로움을 추구하는 덕질과는 상반된다. 이처럼 소극적이고 체념적인 태도는 호기심을 억제하여 결과적으로 뇌 건강을 해치는 원인이 될 수 있다.

호기심의 대상은 한 가지로 한정될 필요가 없다. 오히려 다양한 관심사와 선택지는 호기심을 증폭시키는 촉매가 된다. 실천 여부는 차후에 결정해도 좋다. 중년의 나이에도 가슴 뛰는 관심사가 많이 생긴다면, 그것은 곧 뇌가 건강하게 성장하고 있다는 증거다.

호기심 뇌,
4050 인생 도약의 열쇠

성실한 사람일수록 빠지기 쉬운 함정

어린 시절, 나는 집에서 가까운 바닷가에서 망둥이를 낚는 일에 푹 빠져 있었다. 어떻게 하면 커다란 망둥이를 낚을 수 있을지 늘 고민했다. 망둥이의 생태부터 낚시에 쓰는 미끼 종류에 이르기까지 다양한 자료를 조사해보고 스스로 만든 낚싯대와 바늘로 수없이 낚시를 나가며 도전과 실패를 반복했다. 매일 아침 눈을 뜨면 오늘은 어떻게 망둥이를 낚을지 상상하느라 설렘에 끝이 없었다. 호기심이 최고조에 달한 시기였다.

망둥이에 대한 호기심과 열정으로 놀라운 결실을 맺었다. 연달아 새로운 아이디어가 떠올랐고 그것을 실행에 옮기기 위해 손발을 부지런히 움직였다. 정보를 얻기 위해 자료를 찾다 보니 어려운 한자도 무리 없이 읽어내는 능력이 생겼다. 시행착오를 겪으며 한 번의 실수를 두 번 반복하지 않는 철저함이 몸에 배었다. 호기심이 뇌에 활력을 불어넣은 것이다. 호기심은 뇌를 작동시키는 '연료'이자 '원동력'이었다.

아마 당신도 호기심으로 가득 차 쉴 틈 없이 뇌가 가동하던 시기가 있었을 것이다. 그에 비해 요즘의 일상은 어떠한가? 호기심이 이끄는 하루하루를 보내고 있는가? 지금의 내 뇌는 어떤 호기심으로 움직이는지 자신의 행동 패턴을 꼭 한 번 돌아봤으면 한다.

사업가나 주부도 호기심을 잃기 쉽다. 일과 가사를 능력의 한계치까지 몰아붙이며 성실하게 살아온 사람들은, 호기심을 품을 여유가 부족한 환경에 적응해 있을 가능성이 높다. 오랜 시간 성실하게 일과 가사에 종사하며 여러 경험을 쌓다 보면, 자신이 가진 지식과 노하우를 사용해 대부분의 일을 '그럭저럭 처리'하게 된다. 그러면 인간, 즉 뇌는 만사를 깊이 생각하지 않고 관성적으로 해치우게 된다. 결국 뇌의 함정, 즉 호기심의 고갈 상태에 빠지고 만다. 익숙함과 습관은, 호기심을 갉아먹는 주요 원인이다.

자동화된 뇌의 맹점

한 가지 동작을 끊임없이 반복하고 이것이 유지되면, 우리 뇌에는 생각하지 않고도 자동으로 동작을 완결시키는 회로가 형성된다. 외출 시 현관문을 잠그거나 에어컨 전원을 끄는 행위 등이 대표적이다. 우리는 이 같은 일을 무의식중에 수행하곤 한다. 이런 회로가 형성되는 프로세스를 나는 '뇌의 자동화'라고 부른다.

자동화는 습관적으로 진행되는 행위이기에 머릿속으로 이것저것 따지지 않아도 몸이 저절로 움직인다. 따라서 나중에 기억을 더듬어봐도 확실히 실행했는지 전혀 기억하지 못하는 경우도 자주 발생한다(문을 잠갔는지 잘 기억나지 않을 때, 대체로 문은 잠겨 있는 경우가 많다). '그 사람은 이해하기 어렵다'는 선입견이 굳어져서 무의식적으로 그 사람의 말이나 행동을 무시하게 되는 현상도, 항상 얼굴을 맞대고 사는 가족의 표정과 태도 변화를 알아차리지 못하는 것도 뇌의 자동화 현상이다.

내 강연을 들으러 오는 여성들 중에는 "우리 남편은 내가 머리를 해도 전혀 몰라요", "자기 파자마를 새로 사줘도 몰라요"라며 남편이 가족과 자신에게 얼마나 무관심한지 호소한다. 아마 양심에 찔리는 남자들이 많을 것이다. 이는 모르는 사이에 뇌가 자동화되어 생긴 일이다. 뇌의 자동화는 호기심과는 완전히 반대로 작용한다. 호기심이 있다면 가족과 집안의 사소한 변화도 금방 알아차릴 수 있을 것이다.

게으른 뇌가 만드는 미래의 함정

뇌는 왜 자동화를 추구할까? 인간은 본능적으로 편안한 상태를 지향하는 생명체다. 뇌 역시 이러한 성향에 따라 가능한 한 에너지 소비가 적은 상태를 선호한다. 말하자면 뇌는 효율성을 최우선으로 삼는 '천생 게으름뱅이'인 셈이다.

현대인은 유년기부터 뇌의 자동화 훈련을 체계적으로 받는다. 구구단, 사칙연산 등의 연산능력을 비롯해 한자 쓰기 등을 반복 학습하며 생각 없이도 답이 튀어나오고 손이 저절로 움직일 때까지 훈련한다. 이는 모두 뇌가 자동화(교육)된 결과다. '이 계산식은 왜 이런 결과가 나올까?'와 같은 좌뇌의 호기심 어린 질문들은 비효율적이라는 이유로 배제되곤 한다. 자동화는 분명 우리의 일상생활과 사회활동에 필수적인 능력이지만, 이에 지나치게 의존하면 뇌의 성장은 멈추고 말 것이다.

더구나 현대사회에서는 스마트폰과 컴퓨터 같은 디지털 기억장치들이 인간의 두뇌 기능을 대체하며 빠르게 진화하고 있다. 이로 인해 뇌가 직접 기억해야 할 정보량이 감소하면서, 뇌의 게으른 성향은 더욱 강화되고 있다. 무언가를 탐구하고 실험해보고 싶은 호기심이 생겨나도, 손안의 스마트폰이 순식간에 답을 제시해준다. 이러니 어렵게 싹튼 호기심도 한순간에 시들어버리기 일쑤다.

익숙함을 깨는 순간, 뇌는 성장한다

호기심의 생성과 뇌의 성장을 방해하는 가장 강력한 적은 매너리즘, 즉 익숙함이다. 일상이 늘 같은 흐름으로 흘러가다 보면, 새로움도 놀라움도 사라진 뇌는 자동화된 패턴대로만 움직이게 된다. 따라서 호기심은 싹트기 어렵고 뇌는 새로운 자극을 받아들이지 못한다. 그러면 당연히 사용하지 않는 뇌의 영역이 줄어들고(뇌의 나뭇가지는 뻗어나가지 못하고) 결과적으로 뇌는 성장하지 못한다.

　　일상에서 당연하게 여기던 것들에서 벗어나보는 시도를 해보자. "매일이 똑같다"고 느끼는 부분이 있다면(아마도 많은 분이 공감할 것이다), 그 방식을 조금 다르게 바꿔보거나 지금까지 경험한 적 없는 새로운 일에 도전해보자. 이를 '탈 자동화'라고 한다. 이 과정은 새로운 호기심을 불러 일으키고, 뇌를 성장시키는 원동력이 된다.

현대 뇌과학은 인간의 뇌가 평생에 걸쳐 성장할 수 있다는 놀라운 사실을 밝혀냈다. 그런 측면에서 최상의 삶은 호기심을 따라 다양한 일을 보고 듣고 경험하는 것이다. 호기심을 기회로 삼아 순간을 놓치지 않고 도전해보는 삶이 우선되어야 한다.

호기심 뇌, 성장하는 인생의 열쇠

호기심은 누군가가 선물하거나 강요할 수 있는 것이 아니다. 자발적으로 찾아 나서고 키워갈 때, 호기심은 비로소 생명력을 얻는다. 호기심을 품고 살아가는 삶은 뇌의 성장을 촉진해 건망증과 인지장애를 예방할 뿐 아니라, 노화 방지에도 기여하기에, 이처럼 뇌에 이로운 감정은 없다. 우리 뇌가 뻗어나간 끝에서 아름다운 꽃이 피어나는 것이다.

100세 시대를 사는 우리에게 중년은 또 다른 시작점이다. '인생의 황금기는 바로 지금부터'라는 믿음으로, 뇌의 성장을 위한 호기심 가득한 도전을 이어간다면 우리의 가능성은 끝없이 펼쳐질 것이다. 그런 사람의 미래는 당연히 눈부시게 빛날 것이다.

호기심이 가득 차 흘러넘치는 날들이 쌓이면, 그만큼 인생을 바꿀 가능성도 커진다. 새로운 자극과 경험이 더해질 때마다 세상은 전혀 다른 모습으로 펼쳐진다. 호기심은 실패조차도 성장의 발판으로 만든다. '다음에는 이렇게 해보면 어떨까?', '이런 방식으로 하면 더 나아지지 않을까?' 하는 긍정적 사고를 이끌어내기 때문이다.

호기심이 커질수록 활력이 넘치고 성장하고 싶은 열정이 샘솟는다. 이 활력이 직장 생활과 사회 활동으로 번져나가면서 우리의 실력도 자연스레 높아진다. 아날로그 사회에서 디지털 사회로 변모하고 AI가 모든 분야에서 맹위를 떨친다 해도 두려워할 필요가 없다. '또 어떤 새로운 기술이 나와서 우리 일상을 편리하게 해줄까?' 같은 설렘을 만들고 유지할 수 있다면 그런 상황을 만났을 때 여유롭게 대처할 수 있다.

두근대는 마음만으로도 뇌는 성장한다. 기억력은 상승하고 일의 능률과 학습 성취율도 올라가 성과가 늘어난다. 타인과의 소통이 즐거워지고 직장에서의 인간관계, 가족관계도 단숨에 좋아진다. 무엇보다도 삶의 질이 향상된다. 이렇게 멋진 일이 세상에 또 어디 있겠는가!

호기심은 노쇠해지는 뇌를 되살리는 유일한 묘약이다. 나는 호기심을 동력 삼아 끊임없이 성장하는 뇌를 '호기심 뇌'라고 부르고 싶다. 부디 '호기심 뇌'를 통해 빛나는 미래를 만들기 바란다.

'아무리 사실이 그렇다고 해도, 나는 지금 당장 하고 싶은 일도 없고, 호기심을 되찾을 방법도 모르겠다'고 생각할 수 있다. 실제로 클리닉에서 이런 상담을 자주 한다. 그런 의미에서 2장에서는 드디어 좌뇌(자기) 감정을 따라 호기심의 씨앗을 발견하고 '호기심 뇌'를 갖고 살아가는 방법을 소개하고자 한다.

제2장

호기심 뇌로 전환하라:
뇌과학 기반 8가지 리부팅 전략

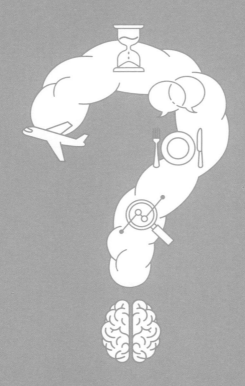

뇌를 위해 가장 먼저
바꿔야 할 것들

알고도 지나쳤던 노화 문제들

앞서 많은 중년층이 불안과 고민을 안고 있는 현상에 관해
설명했다. 잃어버린 호기심을 회복하기 위한 구체적인 방법
을 설명하기 전에, 요즘 중년층이 안고 있는 문제를 점검해
보려고 한다.

　지금부터는 내가 생각하는 현대 중장년층의 문제점, 즉
중년의 호기심을 시들게 하고 뇌의 성장을 가로막는 요소들
에 대해 이야기하겠다.

뇌 성장 방해 요인

- 두뇌 피로

- 운동 부족

- 수면 부족(하루 8시간 미만)

- 영양부족

- 뇌에 공급되는 산소 부족

- (생활 습관으로 인한) 성인병

- 이웃과의 교류 부족(소통 부재)

- 자아존중감 결여(자기 긍정 부족)

- 조직 생활로 습관화된 감정 억압

- 폐쇄적 일상

- 정보 과잉으로 인한 감각 둔화

뇌 성장 방해 요인 ①
두뇌 피로

하루를 끝마치고 나면 늘 심한 피로감을 느끼는 편인가? 사실 그 피로감은 몸이 느끼는 것이 아닐 수도 있다. 우리가 피로를 느끼는 기관은 오히려 뇌로, 일상에서 느끼는 피로감은 피폐한 뇌가 보내는 신호에 가깝다.

일과 가사, 공부 등 같은 행동 패턴을 반복하면 피로감은 점점 늘어난다. 여기서 '같은 행동 패턴'이라는 것이 중요하다. 뇌는 '또 같은 일이군' 하며 행동을 반복하면서 점차 그 일에 숙달된다. 이처럼 '뇌의 자동화'가 시작되면서 창의성은 자연스레 감소한다.

의식적으로 조금씩 새로운 자극과 경험을 시도하지 않으면 뇌는 금방 피로해진다. 그뿐 아니라 가진 능력을 적극 활용하지 못하면 그 역량마저 퇴화하기 시작한다. 이때 관건은 좌뇌 감정에서 생겨나는 호기심을 되살리는 일이다.

피로감의 원인 중 하나는 정신적 스트레스다. 대체로 인간은 피로감과 스트레스에 내성이 있는 사람과 이에 굉장히 취약한 사람으로 나뉜다. 피로와 스트레스에 갖는 내성은 나이에 따른 경험치가 영향을 주기도 하지만, 그 이상으로 개인차가 매우 크다. '이 정도 작업량은 괜찮지', '이 정도는 허용 가능한 범위야' 같은 식이라 타인이 그 정도를 판단하기는 어렵다. 마찬가지로 피로와 스트레스의 회복력에도 개인차가 있다. 회복력 역시 하나의 능력이기 때문이다.

지금은 피로감과 스트레스를 느끼지 못하더라도(또는 그렇게 여기더라도) 방심할 수는 없다. 예를 들어 다행히도 좋아하는 일이나 흠뻑 빠져서 할 수 있는 일이 있어, 평소에 몰입하며 전력을 다해 살아가는 사람이 있다고 하자. 주위 사람들 눈에도 보람차게 일하는 것처럼 보일 것이다. 그러나 본인도 모르는 사이에 일로 인해 피로와 스트레스가 쌓이고 그 상태가 3~4개월 이어지면 상황은 바뀐다. 갑자기 큰 피로감과 심신의 부조화가 나타나기도 한다.

'열심히 해야지' 하고 마음먹는 순간 이미 뇌에는 피로감이 생겨난다. 사람에 따라서는 피로감과 스트레스가 우울증으로까지 이어질 수 있으니 주의할 필요가 있다.

뇌 성장 방해 요인 ②
운동 부족

중년층의 뇌 기능 저하에 가장 큰 영향을 미치는 요인은 바로 운동 부족이다. 신체 활동은 뇌 활성화와 직결된다. 뇌가 제 기능을 하지 못하면 몸을 움직일 수 없고, 반대로 몸을 움직이는 행위는 뇌의 자율성을 키워준다. 우리의 몸은 스스로의 의지, 즉 뇌의 명령 없이는 움직이지 않기 때문이다.

운동 부족은 특히 정신건강에 큰 영향을 미친다. 일상을 다 마치고 난 뒤 피로감을 느낄 때, 오늘 거의 걷지 않았다는 사실을 알아차리는 경우가 자주 있다. 이런 피로는 과도한 활동 때문이 아니라, 오히려 움직임이 부족해서 생기는 경우가 대부분이다.

앞으로 설명할 수면 부족, 영양 부족에 운동 부족까지 겹치면 그 심각성은 더 커진다. 육체노동을 하는 사람들은 수면과 영양이 부족할 때가 많지만, 정신 건강 문제를 호소하는 경우는 상대적으로 적다. 본격적인 운동이 아니더라도 일상에서 틈틈이 몸을 움직이는 것만으로도 비만 예방은 물론 정신 건강 증진에도 큰 도움이 된다.

장시간 책상에 앉아 있으면 뇌의 전반적인 활력이 떨어지기 쉽다. 이는 정신 건강을 해칠 뿐만 아니라 업무 효율마저 저하시키는 악순환을 불렀다. 평소 잘 인지하지 못하지만, 우리는 운동할 때 눈을 먼저 사용한 뒤 몸을 움직인다. 몸을 움직이기 위해서는 주위의 사물이나 사건을 이해해야 하기 때문이다(상황 이해력이 필요하다). 그런데 줄곧 책상 앞에 앉아 서류와 컴퓨터 화면만 보고 있으면 몸을 움직이기는커녕 눈도 움직일 일이 적다. 주변 상황을 살피고 이해할 필요가 없는 상태가 오래 지속되는 것이다.

실제로 20·30대 때는 밖에 나가서 일하거나 틈틈이 몸을 움직이던 사람이, 중년이 되어 책상 앞 붙박이가 되면 인지장애 위험이 높아지는 것으로 나타났다. 그뿐만 아니라 운동 부족이 알츠하이머 발병 위험을 높인다는 사실은 이미 연구를 통해 증명되었다.[1] 운동 부족과 과식 등으로 비만이

되면 전두엽의 기능과 작업기억이 저하된다는 사실도 확인되었다.[2]

뇌 성장 방해 요인 ③
수면 부족

수면 부족은 운동 부족과 마찬가지로 중년층의 뇌 기능을 저하시키는 가장 심각한 위험 요소다. 6시간 미만으로 잠을 자는 사람의 경우 암·당뇨병·우울증 등의 각종 질병이 발생할 위험도가 크게 높아진다는 사실이 최근 연구에서 밝혀졌다. 이러한 결과에 더해 일본 후생노동성이 2024년 2월에 공표한 「건강 증진을 위한 수면 가이드 2023」에서 성인은 "하루 6시간 이상" 수면 시간을 확보하라고 권장했다. 다만 국제 기준은 이보다 높아서, 18세부터 65세까지는 "하루 8시간" 수면이 정신 건강을 지키는 최적의 수면 시간으로 제시되고 있다.

일본의 40·50대는 전반적으로 수면 부족 상태였다. 「국민건강·영양조사(2019)」에 따르면 1일 수면 시간이 7시간 미만인 사람이 40대 남성 48.9퍼센트, 50대 남성 49.4퍼센트, 40대 여성 46.4퍼센트, 50대 여성 53.1퍼센트로, 모든 나이대에서 약 절반을 차지한다. 또한 경제협력개발기구OECD의

2021년 조사에서도 일본인의 수면 시간은 33개 가입국 중 최하위로 나타났다.

위의 「국민건강·영양조사」에서는 수면 시간 확보에 방해되는 요소가 무엇인지도 물어보았다. "특별히 방해되는 것은 없다"고 대답한 사람을 제외하면 40·50대 남성은 모두 "일"이 1위, 40대 여성은 "가사", 50대 여성은 "일"이라는 결과가 나왔다. 주목할 점은 "취침 전에 스마트폰 보기·이메일 확인·게임하기 등에 열중한다"가 모든 성별·연령대에서 높은 비중을 차지했다는 점이다. 일과 가사에 쓰는 시간을 줄이려고 노력하면서도, 잠들기 전에 이메일과 게임에 시간을 허비하는 것은 이치에 맞지 않다.

하루 6시간 미만의 수면이 지속되면 비만, 고혈압, 심장질환 등의 발병 위험이 증가하며, 더 나아가 사망률에도 영향을 미친다는 사실을 반드시 기억해야 한다. 수면의 중요성에 대해서는 이후 다시 설명하겠다.

뇌 성장 방해 요인 ④
영양 부족

'먹거리'야말로 우리가 가장 큰 호기심을 가져야 할 주제일지 모른다. 우리 몸은 섭취한 음식으로 이루어져 있고, 뇌 역시 근육이나 뼈처럼 적절한 영양 공급이 필수적이다. 하지만 현대인들의 식사, 특히 영양에 대한 관심도는 극과 극을 보인다.

당신은 식사, 즉 영양 섭취에 얼마나 신경을 쓰고 있는가? 라면이나 덮밥, 패스트푸드로 매 끼니를 대충 때우고 있지는 않은가?

점심시간, 이런 음식을 파는 식당 앞에 줄을 선 사람들을 볼 때마다 걱정이 앞선다. 젊은 사람들뿐 아니라 중년층까지 이런 식사가 일상화된 것은 심각한 문제다. "건망증이 심하다", "활력이 없다"고 호소하며 우리 클리닉을 찾는 중년층에게 일상에서 먹는 것들에 관해 물어보면 식생활에 대해 제대로 답하지 못할 때가 많다.

간단히 식생활이라고 표현했지만 식사 내용부터 영양분 섭취 방법, 먹는 시간, 먹는 양 등 여러 요소를 챙겨야 한다. 「국민건강·영양조사(2019)」에서 "식습관 개선 의향이 있습니까?"라는 질문을 던져보았다. "생각이 없다"고 대답한 사람의 비율은 40·50대 여성은 7.7퍼센트에 그쳤지만, 남성은 40대 16.4퍼센트, 50대 14.8퍼센트로 여성의 두 배에 달했다. 이는 남성이 여성보다 식생활 개선에 무관심하다는 것을 보여준다. 같은 조사에서 영양보충제와 같은 건강보조식품을 섭취하는 비율은 40대 남성이 27.6퍼센트, 50대 남성이 30.7퍼센트, 40대 여성이 37.1퍼센트, 50대 여성이 41.0퍼센트로 이 역시 여성이 높았다. 남성의 비율이 의외로 높다고 느낄 수 있지만, 임상 경험상 대부분 배우자의 권유로 섭취하는 경우가 많았다.

이 조사에서 주목해야 할 점은, "건강한 식습관의 방해 요인은 무엇입니까?"라는 질문에 40·50대 모두가 "일(가사·육아 등)이 바빠 시간이 없다"를 첫 번째로 꼽았다는 것이다. 또한 놀라운 것은 50대 남성을 제외한 모든 집단에서 "귀찮다"가 2위를 차지했다는 사실이다(50대 남성은 "특별히 없다"가 2위, "귀찮다"가 3위). 이처럼 바쁜 일상 속에서 건강한 식사를 준비하고 섭취하는 것이 부담으로 작용하고 있음을 알 수 있다. 이는 시간 효율을 앞세워 식사의 질을 제대로 챙기지 못하는 현대인의 모습을 여실히 보여준다. 이러한 식습관으로는 뇌가 필요로 하는 영양소를 제대로 공급받기 어렵다.

뇌 성장 방해 요인 ⑤
뇌에 공급되는 산소 부족

뇌 건강을 위해 특히 신경 써야 하는 부분이 '산소 공급'이다. 우리가 숨을 쉴 때 폐로 들어온 산소는 혈액을 타고 온

몸을 순환하는데, 이 중 뇌로 전달된 산소는 활동 중인 신경세포의 연료가 된다. 신선한 혈류가 뇌에 충분한 산소를 공급하면 뇌는 활력을 되찾는다. 뇌는 활동할 때 지속적으로 산소를 소비하며, 미세한 저산소 상태에서도 기능을 유지한다. 특히 뇌에 새로운 신경망이 형성될 때는 많은 양의 산소가 필요하다.

산소 부족의 요인 중 하나로 '구강 호흡'이 있다. 본래 호흡은 비강 호흡이 기본이지만, 코막힘 등으로 인해 많은 사람이 입으로 호흡하는 것에 습관화되어 있다. 구강 호흡은 수면 중 코골이의 원인이 되거나 혀가 뒤로 말려 들어가 기도를 막아 수면 무호흡을 일으킬 위험도 있다.

폐에 산소가 부족하면 뇌 기능이 먼저 저하되는 것은 자명한 사실이다. 이에 따라 전두엽 기능은 약화하고 사고와 감정이 흐트러져 초조함·불안감을 느끼기도 한다. 이런 이유로 가벼운 긴장과 스트레스를 느낄 때 심호흡을 하라고 조언하기도 하고, 코막힘이 심하면 레이저 치료를 권하기도 한다. 레이저로 하비갑개(코안의 양쪽 측벽에 붙어 있는 조개껍데기 모양의 뼈)를 얇게 만들면 비강이 넓어지므로, 코로 숨 쉬는 것이 한결 수월해진다.

뇌 성장 방해 요인 ⑥

성인병

40대 후반에 접어들면 만성질환을 앓는 사람들이 눈에 띄게 늘어난다. 후생노동성의 「2007년 노동자 건강상황조사」에 따르면 건강검진 등에서 의사로부터 진단받은 지병이 있는 노동자는 40대 남성 39.6퍼센트, 50대 남성 48.0퍼센트, 40대 여성 28.8퍼센트, 50대 여성 40.6퍼센트에 달한다. 구체적인 병명을 보면 남성은 고혈압·요통·고지혈증·당뇨병이 많았고 여성은 고혈압·고지혈증·요통·위장병·천식 등으로 나타났다.

주로 '성인병'이라 불리는 지병은 지속적인 관리가 필요하다. 일상적으로 약을 달고 살아야 하거나, 환경이 변하거나 조금 바빠지면 급격히 증상이 악화하는 등 일상생활에 영향을 미치는 경우도 적지 않다.

코로나19 유행과 같은 예측 불가한 상황이 발생하는 경우 지병은 생명을 위협하는 고위험 요인이 될 가능성도 있다. 중년이 되면 지병 하나둘쯤 있기 마련이라는 안일한 생각은 금물이다. 자기 몸은 자기 스스로 지켜야 한다. 건강진단 결과를 확실히 알아두고, 병을 방치하는 일 없이 미리미리 대책을 취하도록 하자.

뇌 성장 방해 요인 ⑦

이웃과의 교류 부족

매일 아침 이웃을 만나면 "오늘 날씨가 좋네요", "그러게요" 정도의 짧은 인사라도 나누는가? 내 클리닉을 찾는 분들의 말을 들어보면 매년 이웃과의 교류가 현저히 줄어든다는 사실을 알 수 있다. 심지어 옆집 주민의 얼굴도, 이름도 모른다고 해서 놀란 적도 있다.

한 동네에 오래 살다 보면 이웃의 이름과 얼굴, 가족 구성원, 일이나 취미까지 자연스럽게 접하게 된다. 같은 나이대라면 아이들끼리 친할 수도 있다. 그러나 어느 정도 나이를 먹고 자식이 독립해 부부만 남거나 혼자가 되면, 의식적으로 노력하지 않는 한 이웃과의 관계는 서서히 멀어진다.

최근에는 이사를 와도 이웃에 인사를 건네지 않는 사람이 꽤 많다고 한다. "먼 친척보다 가까운 이웃이 낫다"라는 속담도 있듯 과거에는 이웃끼리 서로 돕는 것이 일상이었다. 요즘은 먼 친척이나 가까운 이웃이나 똑같이 서로에게 무신경한 타인이 되어버린 듯하다.

일본 내각부에서 매년 실시하는 「사회의식에 관한 여론 조사」(2023년 11월)는 이러한 현실을 더 분명히 보여준다. "거주 지역에서 교류를 얼마나 하고 있습니까?"라는 질문에 "자주 교류한다"와 "어느 정도 교류한다"를 합친 비율이 40대가 42.7퍼센트, 50대가 41.5퍼센트로 평균 40퍼센트가 조금 넘는다. 도쿄 등 대도시에서 지방 도시까지 합산된 통계이므로 도쿄 거주자에게는 조금 높게 느껴질 수도 있다.

참고로 같은 질문에 대한 답을 나이대별로 살펴보면 19~29세가 30.1퍼센트, 30대가 40.3퍼센트, 60대가 59.9퍼센트, 70세 이상이 74.4퍼센트로 나온다. 젊은 세대일수록 이웃과의 교류가 희박하다는 사실을 알 수 있다.

이웃과의 교류를 주된 예로 들었지만, 이를 포함한 소소한 대화나 소통은 일상에 매우 필요하다. 특히 인생 후반기를 살아가는 사람에게 더욱 큰 의미로 다가온다. 반면 이런 소통이 없는 인생은 고독할 수밖에 없고, 고독한 상황에서 호기심은 자라지 않는다. 고독은 뇌 건강에도 큰 적이다.

뇌 성장 방해 요인 ⑧
자아 존중감 결여

자아존중감 혹은 자존감이라는 말이 일상에서도 자주 쓰이고 있다. 자존감이란 자기 자신의 가치를 인정하고 존재를 긍정하는 감각을 뜻한다. 최근 우리 클리닉에도 자아존중감이 낮아 '자기 부정감'에 시달리는 분이 많이 찾아온다(낮은 자존감은 활발히 사회생활을 하는 젊은 층의 문제로 여기기 쉽지만 사실 중년층에게도 흔하게 나타난다).

자존감 저하가 만연한 배경에는 일본 사회의 특수성이 자리 잡고 있다고 본다. 이토록 다양한 인간 군상과 복잡하고 엄격한 상하 관계, 과도한 타인 의식이 집약된 사회는 찾아보기 힘들다.

실은 나 역시 자존감이 낮아 고민하던 사람이었다. 의사가 된 후에도 여전히 자신감이 부족했고, 어떻게 하면 자신을 긍정적으로 바라볼 수 있을지 반신반의했다. 그러던 중 의사 3년 차를 맞이한 어느 여름, 짧은 휴가 기간 몰두해 완성한 논문을 국제학회에 제출했다. 당시 주변에서는 논문 내용의 10퍼센트만 인정받아도 다행이라는 반응이었고, 나 역시 큰 기대를 하지 않았다. 하지만 예상과 달리, 논문은 수월하게 심사를 통과했다. 그때 나는 처음으로 의사이자 연구자로서 타인에게 인정받는 경험을 했다. 일본에서는 크게 주목받지 못했던 내 아이디어가 해외에서는 전혀 다른 시선으로 받아들여진 것이다. 그 경험을 통해 나는, 일본이라는 사회가 자아존중감을 기르기에 결코 우호적인 환경이 아님을 처음으로 실감했다.

이는 학문에만 국한된 것이 아니다. 일본은 공정하게 평가받아야 할 영역에서조차 사적인 평가 기준이 뒤섞여 있다. 사회적 시선과 타인의 시선이 개인의 자존감을 깎아내리는 분위기가 만연한 곳, 안타깝지만 이것이 오늘날 일본의 현실이 아닌가?

자아존중감이 부족하면 좌뇌 감정은 점차 목소리를 잃고, 외부 세계를 향한 관심도 불안으로 바뀐다. 안으로만 파고들어 좁은 세계에 매몰되다 보면 호기심을 잃어버리는 것은 자연스러운 결과다.[3]

뇌 성장 방해 요인 ⑨
습관화된 감정 억압

직장인의 조직생활에서는 우뇌와 좌뇌의 감정 활용이 매우 중요하다. 사회생활을 하는 직장인이라면 누구나 특정 조직에 몸을 담고 있고, 그 안에서 어떤 태도로 일할지 고민한다.

그 판단 기준이 되는 것이 우뇌(타인) 감정이다. 직장을 다니기 시작하면서 '사회인이라면 이렇게 행동해야 해', '이 회사(상사)는 이런 행동을 원해'라는 가치관이 형성되면, 대체로 이 틀에 맞춰 정년까지 일하게 된다. 이 과정에서 자연스레 좌뇌의 자기 감정은 억눌리고, 결국 호기심마저 사그라들고 만다.

뇌 성장 방해 요인 ⑩
폐쇄적 일상

코로나19 이후 재택근무가 새로운 근무 문화로 자리 잡으면서 '집콕' 생활이 일상화됐다. 이로 인해 앉아 있는 시간은 늘어나고 신체 활동은 급격히 줄어들었다. 또한 뇌는 단순 반복된 환경에 빠르게 적응하면서 매너리즘에 더욱 쉽게 빠져들게 됐다.

재택근무의 장기화는 사고 전환을 어렵게 만든다. 이전에는 출근 시간에 맞춰 일찍 일어나 준비하고, 지하철 시간을 역산해 움직이고, 회사에 도착해 동료들과 인사하고 출근 카드를 찍는 등 일련의 과정이 있었다. 이러한 루틴이 자연스럽게 사고 전환의 계기가 됐다.

하지만 집에서 일하면 이런 전환점들이 모두 사라진다. 깊이 생각하고 이해해야 할 상황이 줄면서 이해력도 저하된다. 게다가 외출이 줄어 운동량이 부족해지고, 새로운 사람과의 만남이나 자연과의 접촉 같은 일상의 자극과 경험도 크게 감소한다. 이런 환경에서는 호기심이 자라기 어렵다.

업무에서 고립되는 사람도 적지 않다. 업무 중에 어떤 문제가 발생했을 때, 매일 얼굴을 맞대고 일을 하는 상황이라면 바로 모여 의논하거나 업무 중간에 나누는 담소를 통해 해소하기도 한다. 이를 통해 새로운 관점을 얻거나 다양한 자극을 받을 수도 있었다. 하지만 재택근무 중에는 그런 환경에 노출되기 어렵다. 업무상 어떤 문제가 발생하더라도 누군가에게 마음 편히 말할 수 있는 환경이 아니다. 어떻게든 혼자서 해결해야 한다는 압박으로 스트레스를 받아 뇌 피로가 발생하는 동시에 깊은 고독감에 시달리기도 한다. 이런 상황 때문에 정신 건강까지 위협받기도 한다.

뇌 성장 방해 요인 ⑪
정보 과잉으로 인한 감각 둔화

호기심을 키우기 위해서는 정보가 필수적이다. 더 많은 정보를 접할수록 새로운 자극을 받아 하고 싶은 일, 보고 싶은 것, 맛보고 싶은 음식, 가보고 싶은 곳을 발견할 기회가 늘어난다.

하지만 '정보 과잉 시대'인 현대 사회는 너무나 방대한 정보가 쏟아지고, 진실과 거짓이 뒤섞여 있어 심각한 문제를 안고 있다. 온라인과 SNS의 정보들은 우리 뇌로 직접 쏟아져 들어온다. 이런 정보들은 대부분 우뇌, 즉 타인의 감정을 자극하는 것들이다. 오늘날 온라인 세상은 뉴스, 가십, 광고 등 즉각적인 관심을 끄는 콘텐츠로 가득하다. 우뇌가 자극을 받아 호기심이 생기고 흥미를 느껴 금세 빠져들지만, 진정한 자신의 욕구를 파악할 겨를도 없이 소비하고 곧 싫증내는 악순환이 반복된다.

그 결과 잇달아 나타나는 정보를 정보로 인식하지 못하게 되고, 좌뇌 감정에 관련된 뇌 영역(뇌 센터)이 제 기능을 하지 못해 좌뇌 감정의 감도도 서서히 둔감해진다. 현대사회를 살아가는 우리는 정보의 홍수 속에서 좌뇌 감정에서 비롯한 호기심을 발견하는 기술을 잃어버리고 말았다. 정보에 휩쓸린 채로 생각하기를 멈춘다면 그 순간부터 호기심은 시들고 말 것이다.

3개월마다 자가 진단 해보기

중년층이 가진 문제점 중에 당신에게 해당되는 것은 몇 가지인가? 이런 문제들은 단순히 신체적 차원을 넘어 호기심 상실과 같은 정신 건강에도 깊은 영향을 미친다. 40대 초반까지는 이러한 문제들이 나타나더라도, 무리한 일정이 찾아오더라도 꾸역꾸역 소화해낼 수 있다. 특히 '능력자'로 불리는 사람일수록 이런 상황을 잘 버텨내는 편이다.

그러다 중년기에 접어들면서 몸이 보내는 경고 신호가 하나둘 나타난다. 그제야 '운동이 부족했구나', '잠을 너무 못

잤네', '제때 끼니를 못 챙긴 게 문제였나?' 하며 원인을 인식하기 시작한다. 하지만 이런 자각이 찾아올 때쯤이면 이미 뇌 건강과 신체 상태가 크게 악화된 경우가 대부분이다.

앞서 언급한 문제점들을 항상 염두에 두어야 한다. 특히 45세 이상이라면 3개월에 한 번은 자신의 생활 습관과 전반적인 컨디션을 점검하는 자가 진단이 필요하다. 가족과 함께 한다면 더욱 객관적인 평가가 가능하다.

자가진단을 통해 좌뇌 감정을 살피는 것은 곧 자신을 이해하는 과정이기도 하다. 이런 점검을 꾸준히 하다 보면 좌뇌 감정을 더 예민하게 감지할 수 있게 된다. 이는 또한 싹트는 호기심을 실제 행동으로 옮길 수 있는 기초 체력을 다지는 일이기도 하다. 이런 건강한 심신이 받쳐줄 때 '호기심 뇌'가 비로소 가능하다.

그럼 지금부터 이 문제점들을 바탕으로 '호기심 뇌'를 길러내는 방법을 뇌과학적 측면에서 설명하려 한다. 호기심을 찾고 싹을 틔워 가지를 뻗어가는 것까지 순서대로 이야기할 것이다.

솔루션 ① 기억의 방을 정리하면
마음이 다시 뛴다

호기심은 이미 내 안에 있다: 자기 인식

내 클리닉에 찾아온 중년 환자 대부분이 '호기심 결여' 상태
에 놓여 있다고 앞서 언급했다. 40대 후반까지의 인생 내내
우뇌 감정에 치우친 채 좌뇌 감정을 억눌러온 결과라고 했
었다. 하지만 그분들의 내면에서 호기심은 정말로 증발한
것일까? 그렇지 않다. 학창 시절에 당신은 무엇을 하고 싶었
는가? 한번 돌아보는 것만으로도 잊고 지냈던 자기 안의 호
기심이 선명하게 살아나는 경우가 많다.

　"아니, 난 하고 싶었던 게 하나도 없었는데", "전혀 생각나

지 않아"라는 독자도 있겠지만 걱정하지 않아도 된다. 그런 당신의 마음속에도 분명히 '호기심의 씨앗'이 잠들어 있다. 단지 이를 알아차릴 기회가 없었을 뿐이다.

호기심의 씨앗을 발견하는 것은 전적으로 우리 자신의 몫이다. 내면에 아직 호기심의 씨앗이 살아 있는지, 그것이 어떤 씨앗인지 적극 찾아나서는 과정이 필요하다. 이를 위해 가장 중요한 것이 '자기 인식self-awareness'이다. 자기 인식이란 자신이 어떤 사람인지, 어떤 가치관을 품고 있는지를 깊이 들여다보는 작업이다. 깊이 있는 자기 인식을 위해서는 그동안 억눌러왔던 좌뇌(자기) 감정의 문을 활짝 열어젖혀야 한다.

과거의 빛으로 현재를 비추다: 자기 인식의 여정

좌뇌 감정을 깨우고 자기 인식의 깊이를 더하는 데 가장 효과적인 방법은 태어나서부터(기억할 수 있는 범위 내에서) 지금까지의 인생을 되돌아보는 것이다. 물론 모든 기억이 행복한 것만은 아닐 것이다. 가슴 아팠던 순간들도 분명 있다. 하지만 그 모든 것이 우리의 삶을 이루는 조각들이 아닌가?

손이 닿는 곳에 어린 시절 사진이나 앨범, 일기가 있다면 그 흔적들을 천천히 살피며 시간의 흐름에 따라 자신의 여정을 재조명해보자. 가능하다면 노트나 수첩에 당시의 사건이나 떠오르는 이야기들을 기록하며 자신만의 역사책을 만들어보는 것도 좋다.

이 과정에서 오랫동안 잊고 지냈던 과거의 순간들과 만났던 사람들과의 기억이 생생하게 되살아날 것이다. 당시에는 괴롭고 버거웠더라도, 그것이 현재의 당신을 얼마나 풍요롭게 만들었는지 새삼 깨닫게 될지도 모른다.

인간에게 과거의 기억은 자신이 살아온 흔적이자 정체성 그 자체다. 힘들었던 일을 무리하게 떠올리려 애쓰지는 말고, 여유가 있을 때마다 앨범이나 일기, 자기 역사 기록을 슬쩍 펼쳐보자. 그러다 보면 어느 순간 과거의 자신과 마주하게 될 것이다. 이런 만남만으로도 좌뇌 감정은 깊은 자극을 받게 되고, 그것은 반드시 더 깊은 자기 인식으로 이어진다. 예전에 써놓은 글귀, 즐겨 읽던 책 등 추억이 담긴 물건들을 돌아보는 것도 비슷한 효과를 낸다. 이때 방 청소를 함께 한다면 효과는 배가될 것이다.

가슴 뛰던 그 순간: 잠자는 호기심을 일깨우다

어린 시절로 돌아가 추억에 젖었다면, 그 시절 즐겁게 했던 일(다시 해보고 싶은 일)과 하지 못했지만 간절히 해보고 싶었던 일들을 떠올려보자. 1장에서도 언급했이, 내 인생에서 가장 즐거웠던 기억은 어릴 적 망둥이 낚시다. 지금 생각해도 그때처럼 콩닥콩닥 가슴이 뛰었던 순간이 없었다. 시간이 흘러도 전혀 퇴색되지 않은 그 기억은 언제든 선명하게 떠올릴 수 있다. 지금이라도 기회가 된다면 그곳에서 다시 망둥이 낚시를 해보고 싶은 마음이 간절하다.

망둥이 낚시는 다소 특별한 예일 수 있지만, 당신에게도 분명 콩닥콩닥, 두근두근했던 경험이 하나쯤은 있을 것이다. 거창한 일이 아니어도 좋다. 사소한 기억이라도 당신에게 의미가 있다는 점이 중요하다.

"그때는 정말 가슴이 뛰고 흥분됐었지", "지금 생각해보면 시간 가는 줄도 모르고 몰입했었어"처럼 두근거리고 설레던 감정이 되살아난다면, 그것은 당신 마음속 어딘가에 호기심의 씨앗이 살아 있다는 증거다. 여기서 절대 피해야 할 함정은 '이제 와서 무슨'이라는 생각이다. '이제 와서 뭘 할 수 있겠어', '이 나이에는 무리야'라고 단정 지으면, 그 순간 호기심의 씨앗은 말라버리고 뇌의 성장도 멈추고 만다.

타인의 거울에서 자신을 발견하다

인생을 돌아보는 과정에서 "내가 무엇을 잘했고 부족했는지", "무엇을 좋아하고 싫어하는지"를 새롭게 살펴보자. 이러한 재인식 작업은 자신을 더 깊이 이해하게 할 뿐 아니라 앞으로의 능력 성장에도 큰 밑거름이 된다. 자신을 제대로 알게 되면, 스스로 호기심이라는 불씨를 살려 뇌 성장의 동력을 얻는 것이 훨씬 쉬워진다.

그러나 아쉽게도 우리 뇌는 태생적으로 자기 자신을 객관적으로 파악하기 어렵게 설계되어 있다. 그래서 자신의 강점과 약점, 좋아하는 것과 싫어하는 것, 더 나아가 자신의 성격조차 명확히 알지 못하는 사람이 대부분이다. 이때 깊은 자기 인식에 가장 효과적인 방법은 바로 타인과의 교류다. 다른 사람들과 소통하며 그들의 반응을 세심히 관찰하는 연습은 자기 이해에 매우 큰 도움이 된다. 자신이 어떤 사람인지는 타인의 반응 속에서 비로소 선명해진다.

직접 만나 대화를 나누는 것이 가장 이상적이지만, 이메일이나 SNS를 통한 소통도 충분히 가치 있다. 다만 "나는 어떤 사람으로 보여?"라고 직접 묻기보다는, 내가 특정 행동을 했을 때 상대가 보이는 반응과 그에 대한 나의 느낌을 꼼꼼히 기록해보자. 이런 데이터를 꾸준히 모아 분석해보면 더욱 정확한 자화상이 그려진다. 이 과정을 통해 자신의 솔직한 감정과 생각, 강점과 약점이 훨씬 더 구체적으로 윤곽을 드러낸다. 그리고 이는 마음속에 숨겨진 호기심의 씨앗을 발견하는 길로 자연스럽게 이어진다.

혈연과 지연, 감사의 연결고리: 호기심을 키우는 토양

자신의 삶과 기억을 더듬어 볼 때 꼭 떠올려야 할 것은 부모와 조부모 그리고 고향에 대한 생각이다. 나는 지금의 내가 있기까지 부모님과 조부모님의 영향이 지대했다고 생각하며, 이에 깊은 감사의 마음을 품고 있다. 단순히 고마움을 느끼거나 추억을 되새기는 데 그치지 않고, 매일 연락을 주고받으며 안부를 묻는 일을 소중하게 여긴다. 이는 서로의 기억력을 높이고 관계의 기억을 새롭게 하려는 의도적인 실천이기도 하다.

고향에서의 즐거운 순간이나 행복했던 기억 같은 긍정적 경험이 많지 않은 사람도 있을 것이다. 부모나 형제와의 관계가 원만하지 않았거나 가정 형편이 어려웠더라도 괜찮다. 삶의 여정 속에서 좋은 관계를 맺었던 사람, 도움을 받았던 사람은 분명 있기 마련이다. 그런 분들에게 감사하는 마음으로 연락을 드리는 작은 실천을 잊지 말자. 이런 감사의 마음이 있다면 아무리 작은 호기심의 씨앗이라도 무럭무럭 자랄 수 있는 토양이 마련된다고 나는 믿는다.

솔루션 ② 낯선 곳을 만나면
숨은 호기심이 깨어난다

호기심이 싹트는 곳에 가기

내 마음속에 호기심의 씨앗이 존재한다는 것을 확인했다면, 이제는 그 씨앗이 묻혀 있는 터전을 찾아볼 차례다. 중년이 된 지금의 내가 무엇에 설레고 어떤 일에 호기심이 깨어나는지 직접 찾아 나서보자.

어린 시절 하고 싶었던 일이 바로 떠올랐다면 좌뇌 감정의 이끌림을 따라 즉시 실천해보자. 특별히 생각나는 것이 없다면 첫 단계로 집이나 직장 주변부터 시작해보는 것이 좋다. 한 번도 가보지 않은 맛집이나 입소문 난 명소, 경치가 아름답다는 장소 등 사람들이 모여드는 곳을 찾아가보자. 호기심이란 새롭고 신기한 것, 처음 만나는 사람이나 사물에서 자극을 받아 솟아나는 반응이기에 늘 머무는 익숙한 공간에서는 호기심이 피어나기 어렵고, 이를 알아차리기도 쉽지 않다.

많은 사람이 모이는 장소는 그만큼 여러 사람의 호기심을 자극했다는 의미이므로 당신의 호기심도 함께 깨어날 가능성이 크다. 처음에는 단순히 우뇌 감정을 따라 생긴 호기심일 수 있지만, 그것이 좌뇌 감정을 일깨우고 진정한 호기심의 싹을 틔울 수 있다. 한 곳을 방문하는 것에 그치지 말고 기회가 닿는 대로 다양한 장소를 찾아보자. 가벼운 발걸음으로 새로운 곳을 탐색하다 보면 운동 부족 문제도 자연스럽게 해결되는 일석이조의 효과를 얻을 수 있다.

여행, 자극을 얻는 최고의 기회

주변을 어느 정도 탐색했다면 이제는 여행을 떠나보자. 여행은 일상에서 접하지 못했던 새로운 자극을 얻을 수 있는 더없이 좋은 기회다. 물리적 거리뿐 아니라 심리적으로도 평소와 전혀 다른 장소와 환경으로 옮겨갈 수 있어 호기심을 일깨우는 데 매우 효과적이다.

어린 시절을 되돌아보며 가족과의 추억이 담긴 장소를 찾는 것도 의미 있지만, 가능하다면 한 번도 가보지 않은 곳이나 늘 가보고 싶었던 곳을 방문하길 권한다. 처음 가는 곳으로 여행을 떠나면 낯선 풍경, 몰랐던 풍습과 역사, 그 지역만의 특산물, 다양한 사람들과 만나게 된다. 기차나 비행기 같은 이동 수단 안에서도, 또 이동하는 과정에서도 수많은 새로운 자극을 마주하게 된다.

똑같은 경험을 해봤거나 비슷한 상황이 펼쳐진다 해도, 장소와 환경이 달라지면 우리 뇌는 이를 전혀 다르게 받아들인다. 사소한 것조차 설레고 두근거리는 특별한 순간으로 변모한다. 알고 싶은 것, 해보고 싶은 것, 보고 싶은 것이 자연스럽게 늘어나는 것을 경험하게 된다.

만남이 주는 새로운 세계

요즘에는 이웃과의 교류는커녕 사람 만나는 것 자체가 어렵다고 토로하는 사람이 의외로 많다. 이는 "구더기 무서워 장 못 담근다"는 속담을 생각나게 한다. 아마도 다양한 사람들과 만나 소통해본 경험이 부족해서 생긴 심리적 장벽일 가능성이 크다.

지연으로 맺어진 인연(어떤 이들에게는 속박처럼 느껴지기도 한다)이나 업무상 어쩔 수 없이 해야 하는 교류 등 원치 않는 인간관계로 힘든 순간이 있는 것은 사실이다. 하지만 이해관계가 전혀 얽히지 않은 사람들, 특히 다양한 경험과 배경을 가진 이들과의 만남은 놀라울 정도로 풍요롭고 즐거운 경험으로 다가온다.

지역 봉사 모임이든, 작은 파티나 공부 모임이든 기회가 있다면 참여해보자. 주제 자체에 흥미가 없더라도 크게 문제되지 않는다. 새로운 사람을 만나는 것이 중요한 목적이기 때문이다. "아, 이런 사람도 있구나", "이런 방식으로 생각할 수도 있구나" 등 만나는 사람들에게서 받는 자극과 영감은 생각보다 많다. 사람을 만나는 것이 설레고 즐겁다는 감정이 일어난다면, 그것은 바로 호기심이 활짝 피어나고 있다는 확실한 신호다.

국경을 넘어 만나는 또 다른 나

여행 중에서도 해외여행은 특별한 의미를 지닌다. 평소에는 접할 수 없었던 사람들과 경험을 마주할 수 있는 것이 여행의 매력이다. 특히 해외여행을 떠나면 언어도 다르고 일상적인 음식과 생활 습관도 달라, 모든 요소가 새로운 자극으로 다가온다.

나는 2023년 상파울루에서 열린 학회에 참석하기 위해 브라질을 방문한 적이 있다. 코로나19 여파로 오랜만에 해외로 나간 터라 더욱 특별했다. 게다가 브라질은 처음 가보는 곳이어서 출발 전부터 설렘이 가득했다. 실제로 현지에 도착하니 '이게 뭐지?', '왜 이런 걸까?' 하는 생각이 연달아 들 만큼, 일본과는 확연히 다른 모습들이 이어져 놀라움의 연속이었다.

평소 인터넷 검색을 자주 하지 않던 나였지만, 이 기회에 TV에서 들리는 포르투갈어와 현지인들의 행동 방식, 말의 의미, 역사적 배경 등을 찾아보게 되었다. 덕분에 더 깊은 관심이 생겨 진정으로 의미 있는 여행이 되었다. '꼭 다시 와봐야지', '다음엔 이런 걸 경험해봐야겠다', '저 지역도 가봐야지' 하며 지금도 내 머릿속은 호기심으로 가득하다.

해외여행을 통해 새삼 깨달은 것이 있다. 바로 내가 속한 곳에 대한 자부심이다. 짧은 기간이라도 타국에서 지내다 보면 내 나라와 사회의 특성을 더 선명하게 인식하게 된다. 다른 나라와의 차이점을 통해 자신의 정체성을 더 깊이 자각하는 것이다. 이런 과정에서 자신의 숨겨진 강점들을 발견하게 되면, 스스로에 대한 자신감과 긍정적인 평가가 눈에 띄게 커지는 것을 느끼게 된다.

자연이 선사하는 호기심의 선물

호기심을 일깨우고 싶은 이들에게 가장 권하고 싶은 활동은 바로 '자연과의 교감'이다. 다른 것은 제쳐두더라도 이것만 큼은 꾸준히 실천하길 진심으로 바란다.

인류는 태초부터 자연과 함께하며 그 흐름에 맞춰 살아왔다. 우리는 보고, 듣고, 만지고, 맛보고, 냄새 맡는 오감을 통해 세상의 정보를 받아들인다. 이렇게 수집한 정보를 처리하는 뇌의 능력을 발달시키며 자연계의 다양한 변화와 이변에 적응하고 살아남아왔고, 그 과정에서 인간의 뇌는 끊임없이 진화했다.

오감으로 얻는 자극이야말로 호기심을 깨우고 뇌를 성장시키는 가장 본질적인 요소라 해도 지나치지 않다. 자연을 느끼고 그에 맞춰 살아가는 것은 우리 뇌가 본래 타고난 목적이자 운명과도 같다.

도시를 벗어나 산과 들, 바다와 강에서 자연을 온전히 느끼는 것도 좋지만, 일상에서도 충분히 자연과 교감할 수 있다. 하루 5분이라도 좋으니 스마트폰을 내려놓고 새들의 지저귐, 곤충의 울음소리, 강물이 흐르는 소리, 바람이 스치는 소리 등 자연이 들려주는 소리에 귀를 기울여보자. 계절마다 달라지는 자연의 소리는 우리의 감각을 일깨우고 정신을 맑게 해준다.

　주변에 그런 환경이 없는 사람은 스마트폰 앱을 활용해 자연의 소리를 들어보는 것도 괜찮은 방법이다. 심지어 창문을 열고 잠시 바깥 공기를 마시는 것만으로도 자연과의 연결고리를 만들 수 있다. 이렇게 시작하면 어느새 호기심이 새싹처럼 돋아나기 시작할 것이다.

솔루션 ③
관점을 넓혀주는 사람을 만나라

만난 적 없는 사람 만나보기

호기심을 일깨우려면 새로운 자극이 필요하다. 그래서 지금까지 교류해온 사람들과는 다른 유형의 사람들과 친구가 되는 것도 효과적이다. 일상에서 만나는 상대의 스펙트럼을 조금씩 넓혀보는 것이다.

이것은 기존 인간관계를 갑자기 정리하거나 급격히 바꾸라는 의미가 아니다. 한 사람 한 사람과의 만남을 소중히 여기면서 점진적으로 교제의 폭을 확장해나가는 것이 바람직하다. 새로운 인연을 찾을 때는 내가 배우고 싶거나 닮고 싶은 요소를 상대방에게서 발견하겠다는 의식적인 태도가 중요하다.

말을 건네기 어려운 성격이라면 어떤 자리에서도 대화를 이끌어가는 사람을 주변에 두어보자. 쉽게 긴장하는 사람은 어떤 상황에서도 침착함을 유지하는 사람을 곁에 두자. 존경할 만한 사람을 만나겠다는 마음가짐으로 새로운 관계를 시작해보자. 우리의 뇌는 타인의 영향을 자연스럽게 받아들이도록 설계되어 있다. 주변 사람들은 우리가 인식하든 못하든 뇌가 배우고 모방하는 참고 대상이 된다. 그렇기에 자신에게 좋은 영향을 줄 수 있는 사람들과 시간을 보내는 것은 뇌과학적으로도 상당히 의미 있는 선택이다.

다양한 관점의 힘

비즈니스 환경에서는 우리에게 빠른 판단을 끊임없이 요구한다. 하지만 아무리 속도가 빨라도 잘못된 판단이라면 헛된 결정에 불과하다. 진짜와 가짜 정보가 뒤섞여 넘쳐나는 현실 속에서, 중요한 판단을 좌우할 정보를 대할 때는 충분한 시간을 들여 깊이 생각해봐야 한다.

앞서 정보 과잉 시대를 언급하며 지나치게 많고 잡다한 정보의 문제점을 짚었지만, 반대로 '정보 부족' 상태 역시 뇌에 해를 끼칠 수 있다. 정보가 부족한 상황은 뇌를 혼란에 빠뜨리고 열등감과 불안 같은 부정적 감정을 쉽게 불러일으킨다. 남의 말을 무비판적으로 수용하고 자신의 판단이나 생각을 부정하다 보면 자존감이 무너지는 경우가 있다. 이 또한 정보 부족이 원인일 수 있다. 근거가 불분명하거나 사실 확인이 어려운 모호한 정보만으로 상황을 판단하려 했기에 벌어진 일이다.

자신감이 흔들릴 때야말로 지금까지와는 다른 시각과 입장에서 정보를 새롭게 들여다봐야 할 시점이다. 이렇게 함으로써 한쪽으로 치우치지 않고 여러 측면을 고려하는 균형 잡힌 시각을 키울 수 있다. 특정 문제에 대해 또 다른 해석이 존재할지 모른다는 열린 사고, 더 나은 해결책이 숨어 있을지 모른다는 가능성을 품게 된다. 이처럼 다양한 각도에서 바라보는 습관을 들이면 세상 모든 일을 보다 긍정적으로 바라볼 수 있게 된다.

'호기심 뇌'로 살아가는 사람들과 친해지기

호기심을 쏟을 대상을 찾을 때 가장 좋은 모델은 단연 호기심이 넘치는 사람이다. 당신 주변에 왕성한 호기심으로 끊임없이 다양한 도전을 이어가는 사람이 있는가? 만약 그런 사람이 떠오른다면 그와 가까운 관계를 맺고 진솔한 대화를 나눠보자. 더 나아가 다양한 경험을 공유할 수 있다면, 그보다 뇌에 더 좋은 자극은 없을 것이다.

하고 싶은 일이 특별히 없거나 무엇을 해야 할지 갈피를 잡지 못하는 사람의 눈에는, 중년의 나이에도 왕성한 호기심과 도전정신을 간직한 사람의 삶이 무척이나 '역동적으로' 비칠 것이다. 이처럼 특별한 의식이나 노력 없이도 날마다 좌뇌 감정으로 살아가는 사람, 나이와 무관하게 생생한 호기심을 유지하는 사람이 바로 '호기심 뇌'로 살아가는 사람이다.

그들의 생활 방식과 사고 흐름을 조금이라도 따라 해보길 권한다. 혼자서 고민하며 살펴보았을 때는 미처 못 봤던 새로운 시각과 자극이 그 과정에 반드시 숨어 있을 것이다.

솔루션 ④
수면은 뇌의 작업 시간

수면은 내일의 호기심을 위한 투자다

수면은 단지 기억을 정착시키기 위한 생리 현상만은 아니다. 나는 오히려 수면을 "다음 날, 뇌가 최고의 성과를 내기 위한 준비 과정"이라고 정의하고 싶다. 수면은 우리가 낮 동안 포착한 호기심의 씨앗을 놓치지 않고 키우기 위해, 그리고 다음 날 새롭게 피어날 호기심을 제어하고 조직하기 위해 반드시 필요한 시간이다.

낮 동안 업무, 공부, 가사노동을 하면서 머리가 무겁고 집중이 안 되는 날이 있다면, 그건 단지 피로 때문만은 아니다.

이미 뇌가 호기심을 잃어버렸다는 신호일 수 있다. 이런 상태가 며칠씩 반복되면 뇌는 점점 활력을 잃고, 결국엔 성장도, 회복도, 앞으로 나아갈 기력도 함께 사라진다.

낮 동안 뇌의 효율을 높이고, 쇠약해지기 시작한 뇌를 다시 가동시키려면, 무엇보다 먼저 충분한 수면이 필요하다. 아침에 개운하게 눈을 뜰 수 있는 상태를 만드는 것이 중요하다. 이렇게 리셋된 뇌는 놀랍도록 빠른 속도로 집중하며, 짧은 시간 안에 더 많은 일을 해낼 수 있다. 그 결과, 우리에게는 새로운 만남과 경험, 호기심이 피어나는 활동에 뇌를 쓸 수 있는 여유가 생긴다.

바쁜 날일수록, 일찍 자야 한다

바쁘다고 해서 밤늦게까지 일하거나, 심하면 밤을 새우는 사람들이 많다. 하지만 수면 시간을 쪼개서 일하는 습관은 장기적으로 뇌를 망가뜨리는 잘못된 생활 방식이다. 일이 아무리 많아도, 그럴수록 더 일찍 잠자리에 들어야 한다. 그게 진짜 뇌 효율을 높이는 길이다.

수면을 돕는다는 이유로 술을 마시는 사람들도 있지만, 사실은 술 때문에 깊은 수면에 도달하지 못하고 오히려 숙면을 방해받는다. 일찍 잠들면 이튿날 자연스럽게 일찍 일어나고, 전날 마무리하지 못한 일을 처리할 에너지와 집중력이 샘솟는다. 그 에너지는 수면 중 축적된 뇌의 회복력에서 비롯된 것이다.

비즈니스 세계에서 성공하는 사람들은 예외 없이 스스로 정한 시간에 잠들고, 일정한 시간에 일어나는 생활을 지킨다. 결코 과장이 아니다. 특히 재택근무가 일상화되면서 밤낮이 바뀌기 쉬운데, 이는 뇌 건강에 치명적이다. 인간의 뇌는 자연의 리듬 속에서 작동하도록 설계되어 있기 때문에, 이런 생활이 지속되면 뇌의 효율이 떨어진다는 사실은 과학적으로도 입증되어 있다. 가능하다면 빠르게 아침형 생체리듬으로 되돌리는 것이 바람직하다.

낮 시간에 다소 긴 시간 잠을 자게 되면, 타인과의 소통이 줄고 신체 활동도 제한되는 등 예상치 못한 부작용이 나타날 수 있다. 물론 야간 근무 등 불가피하게 밤낮이 바뀐 생활을 해야 하는 사람들도 있다. 이 경우에는 해가 떠 있는 시간에 잠을 자더라도, 수면의 질을 확보하기 위한 적극적인 조치가 필요하다. 예를 들어 암막 커튼 등으로 빛을 완전히 차단한 환경을 만들고, 식사 시간의 불균형도 함께 조정해야 한다. 또한 정기적으로 휴식을 취하며, 컨디션을 수시로 점검해가며 일정을 조율하는 관리 전략도 병행되어야 한다.

내게 꼭 맞는 수면시간을 찾는 법

앞서 국제 기준에서 하루 8시간 수면을 권장한다고 말했지만, 스트레스에 강한 사람이 있고 약한 사람이 있듯, 수면 부족에 대한 반응도 개인차가 크다. 즉, 단기적으로는 '몇 시간 수면이 정답'이라고 단정할 수는 없다.

그러나 일주일, 한 달, 1년 단위로 시간을 넓혀보면 이야기는 달라진다. 수면 부족은 확실히 뇌와 몸에 지속적인 부담을 준다. 우리의 몸은 수십조 개의 세포로 이루어진 유기체다. 세포에는 내구성의 한계가 있으며, 지나치게 많이 쓰면 수명이 단축된다.

반대로 수면 시간이 과도하게 긴 경우, 특히 평균 수면 시간이 9시간을 넘는 사람은 우울증 및 사망 위험이 높다는 보고도 있다.

결국, 평균 수면시간으로 '8시간 전후'를 확보해야 뇌 활동과 호기심의 스위치가 제대로 켜진다. 지금부터는 하루 8시간 수면을 목표로, 자신의 최적 수면시간을 찾아가는 여정을 시작해보자.

의학적 관점에서, 나는 평균 수면시간이 최소 7시간 이상은 되어야 하며, 가능하다면 8시간 50분까지도 좋다고 본다. 핵심은, 다음 날 뇌의 퍼포먼스를 가장 높일 수 있는 수면시간을 확보하는 것이다.

가장 간단한 방법은 스스로 실험해보는 것이다. 다음 날 개운하게 일어날 수 있으려면 몇 시간을 자야 하는지, 혹은 낮에 집중력이 떨어지는 기준점이 몇 시간인지 수면일지를 통해 기록해보자.

예를 들어, 내 경우 7시간 반 정도로는 낮 동안 쉽게 피로감을 느꼈고, 8시간 이상 자면 오후 6시 이후에도 집중력과 효율이 잘 유지되었다. 최근에는 수면시간을 자동 측정해주는 웨어러블 기기들도 많아졌으니, 이를 적극 활용해보는 것도 방법이다.

요즘 들어 "아침 일찍 눈이 떠져서 고민이다", "깊은 잠을 못 자고 중간에 자주 깬다"는 중년 환자들이 부쩍 늘었다. 물론 나이가 들수록 체내 생체시계가 변화하는 것은 불가피하지만, 운동 부족이나 과음처럼 생활 습관으로 개선할 수 있는 요인도 많다.

하루 중 깨어 있는 시간 동안 어떻게 시간을 보내는지, 자신의 생활 리듬을 한번 꼼꼼히 점검해보길 바란다. 또한, 수면 중간에 자주 깼다면, 무호흡 증상을 동반할 가능성도 있다. 자신이 여기에 해당된다고 생각된다면, 전문 수면클리닉에서 진료를 받아보는 것이 좋다.

잠이 우선, 그다음이 일정이다

자신에게 최적의 수면시간을 알게 되었다면, 이제 그 시간을 확보할 수 있도록 일정을 다시 설계해야 한다. 특히 중년에 접어든 사람이라면 가장 먼저 해결해야 할 과제는 '노동 시간 줄이기'다.

우선 일주일 동안의 수면 시간과 노동 시간을 기록해보자. 몇 시부터 몇 시까지 잠을 잤는지, 몇 시부터 몇 시까지 일했는지를 정확히 적는다. 나중에 이 기록을 살펴보면, 자신의 하루가 얼마나 정돈되지 않은 채 흘러가고 있었는지 쉽게 확인할 수 있을 것이다. 단순히 머릿속으로 '대충 이 정도겠지'라고 추측해서는 안 된다. 시간을 정확히 수치로 파악하는 것이 생활 습관을 개선하는 가장 빠르고 효과적인 방법이다.

이때 중요한 원칙은 일과 중 수면시간을 먼저 확보하고 나머지 일정을 그다음에 채워 넣는 것이다. 자신의 최적 수면시간이 8시간이라면, 그 8시간을 하루 중 언제 확보할지부터 정해야 한다. 가장 먼저 할 일은 취침 시간을 정하는 것이다. 취침 시간이 정해지면 기상 시간도 자연스럽게 결정된다. 그러고서 아침 식사, 업무, 점심, 다시 업무, 저녁 식사, 운동, 목욕 등의 루틴이 자연스럽게 배열된다. 이 과정에서 줄여야 할 스마트폰 사용 시간이나 의미 없이 늘어지는 시간도 자연스럽게 걸러진다.

숙면으로 가는 예고편, '수면 의식' 만들기

문제는 정해진 취침시간에 실제로 잠들 수 있느냐는 것이다. 오랜 시간 고착된 수면 습관은 하루아침에 바꾸기 어렵다. 그러므로 이 변화는 '장기 프로젝트'라는 마음으로 접근해야 한다. 때로는 연 단위의 조정이 필요할 수도 있다.

이제부터는 매일 같은 시간에 잠들어야 한다는 메시지를 뇌에 입력해야 한다. 이때 유용한 방법이 바로 '수면 의식sleep ritual'이다. 수면 의식이란, 뇌가 "이제 곧 잘 시간"임을 인식하도록 돕는 정해진 일련의 루틴이다.

나의 경우, 10시가 넘으면 잠자리에 들기 위해 집중한다. 하지만 실제 수면 준비는 저녁 7시부터 시작된다고 생각한다. 6시경부터 8시 반까지는 저녁 식사, 가족과의 대화, 지인과의 만남 등에 시간을 쓰며, 이후부터는 수면을 위한 본격적인 준비에 들어간다. 예를 들면 이런 식이다. 스마트폰은 충전기에 꽂아 되도록 손이 닿지 않는 곳에 두고, 실내 조명은 간접 조명으로 바꾸어 서서히 밝기를 낮춘다. 그날의 일을 정리하고 내일의 일정 정도만 간단히 떠올리며 복잡한 생각을 멀리한다.

이러한 수면 의식은 뇌에게 "이제 곧 잠들 준비를 하라"는 신호를 반복적으로 전달한다. 수면의 질을 높이는 가장 효과적인 방법은 단순히 피곤한 상태로 쓰러져 자는 것이 아니라, 뇌가 수면을 받아들일 준비를 마친 상태로 잠드는 것이다.

궁극적으로 뇌의 이상적인 수면 시스템은 "자고 싶을 때 자고, 일어나고 싶을 때 일어나는 것"이다. 그런데 자리에 눕자마자 3분 이내에 바로 잠든다면, 이는 수면 부족 상태일 가능성이 높다. 이럴 때는 수면 의식보다 먼저 총 수면시간 확보부터 점검해야 한다.

수면의 리듬을 살리는 식사 습관 조율법

수면과 식사는 서로 연관이 깊다. 이 두 가지는 모두 인체의 '일주기 리듬'을 결정짓는 핵심 요소이기 때문이다. 따라서 수면시간을 계획할 때는 저녁 식사 시간까지 함께 조율해야 한다. 기본 원칙은 취침 3시간 전까지, 가능하면 오후 8시 이전에 저녁 식사를 마치는 것이다.

그렇지만 현실적으로 저녁 8시 이전 식사가 어려운 사람도 많다. 이럴 경우에는 오후 5시 반에서 6시 사이에 회사나 외부에서 간단히 요기할 수 있는 식사(김밥, 샌드위치 등)를 먼저 하고, 집에 돌아와서는 채소나 생선 위주의 가벼운 식사로 부족한 영양을 보충하는 것을 추천한다.

늦은 시간에 과식하면 음식물이 취침 전까지 완전히 소화되지 못한 채 위장에 남는다. 소화가 계속되는 동안 뇌는 장과 긴밀하게 소통하며 작동하게 되고, 이는 뇌의 휴식에도 방해가 된다. 결과적으로 체내시계가 뒤로 밀리게 되어 수면의 질이 떨어질 수 있다.

노동시간이 길거나 교대근무처럼 수면 리듬이 일정치 않은 경우, 식사 시간과 식사 방법, 영양 균형도 함께 흐트러지기 쉽다. 이럴 땐 수면 시간뿐 아니라 식사 시간과 식사 습관 전반을 함께 조율하는 것이 회복의 핵심이다. 자는 시간과 먹는 시간을 함께 정돈하면, 심신 전체의 밸런스가 조금씩 회복된다.

또한 아침 식사를 잘 챙기는 것도 중요하다. 햇빛과 마찬가지로 아침 식사는 체내시계를 조절하는 데 도움을 준다. 하루 세 끼를 항상 일정한 시간에 먹는 습관은 일주기 리듬을 안정적으로 유지하는 데 결정적인 역할을 한다.

미국 펜실베이니아주립대의 2016년 연구에 따르면, 다음 세 가지 식사 습관은 수면을 방해하는 요소로 지목되었다.[4]

- 트랜스지방 과다 섭취
- 나트륨(염분) 과다 섭취
- 채소 섭취 부족

트랜스지방은 마가린, 쇼트닝, 일부 제빵류, 튀김류에 많이 포함되어 있으며, 식물성 기름을 고온에서 가공하는 과정에서 생성된다. 우유나 유제품에도 소량 존재하지만, 대부분은 가공식품에서 과잉 섭취된다.

최근에는 식품 제조 과정에서 트랜스지방 생성을 줄이기 위한 기술도 적용되고 있지만, 여전히 많은 제품에 함유되어 있다. 되도록 섭취량을 줄이고, 식습관을 개선하는 작은 실천부터 시작해보자.

1~2주 단위로 수면 시간을 조정하라

수면은 평균적으로 하루 8시간이 이상적이라고 알려져 있지만, 현실에서 매일 이를 지키는 것은 생각만큼 쉽지 않다. 변수는 많고, 일상은 유동적이기 때문이다. 그렇다면 현실적인 첫 목표는 '7시간 이하로 자는 날을 줄이는 것'부터 시작해보자. 이 정도만 해도 스트레스를 크게 줄일 수 있다. 물론 매일 7시간 이상 잘 수 있다면 가장 좋지만, 혹시 하루 이틀 부족하더라도 그 주 안에 수면 부족을 회복하려고 해보자.

　흔히 "몰아서 자는 잠은 소용없다"는 말이 있지만, 나는 그 의견에 절대적으로 동의하진 않는다. 일주일 단위로 보았을 때 주 56시간, 혹은 2주 단위로 112시간 이상의 수면을 확보할 수 있다면, 수면을 일정 부분 '누적 조정'하는 것도 가능하다고 본다. 즉, 매일 목표 수면시간을 채우기 어려운 처지라면, 휴일이나 주말을 활용해 수면을 보충하는 것도 실질적인 대안이 될 수 있다. 중요한 건 수면시간이라는 '총량'을 꾸준히 유지하려는 태도다.

　수면시간을 제대로 확보하기 시작하면 어느 순간, 낮 동안의 뇌 효율이 눈에 띄게 좋아지는 경험을 하게 된다. 그 타이밍이 반드시 온다. 그전까지 조급해하지 말고, 기대를 쉽게 접지 말자. 자신에게 맞는 루틴을 찾을 때까지 계속해서 시도해보자.

뇌를 바꾸는
과학적 수면 활용법

수면은 뇌를 청소하는 시간

메이저리그에서 활약 중인 오타니 쇼헤이 선수를 아는가?
그는 컨디션 유지를 위한 가장 중요한 요소로 '수면'을 꼽으
면서, 수면 관리의 중요성을 널리 알렸다. 이후 스포츠계뿐
아니라 일반인 사이에서도 '수면이 곧 퍼포먼스'라는 인식이
확산되고 있다. 뇌의 인지 기능과 수행 능력을 유지하거나
향상시키려면, 수면은 단순한 휴식 이상의 의미를 지닌다.
여기서는 수면이 뇌에 어떤 영향을 미치는지, 특히 뇌 속 노
폐물 배출과 관련한 최신 연구를 중심으로 살펴본다.

2013년, 미국 존스홉킨스대학의 애덤 스피라Adam P. Spira 교수 연구팀은 『미국의사협회 신경학회지』에 흥미로운 연구 결과를 발표했다.[5] 연구팀은 50대에서 80대 사이의 성인들을 무작위로 추출해, "하루 평균 몇 시간 수면을 취하는가?"라는 질문을 던진 뒤, 수면 시간에 따라 참가자들을 세 그룹으로 나누어 뇌 MRI 영상을 비교 분석했다.

그 결과, 수면 시간이 짧을수록 인지장애의 주요 원인 물질로 알려진 '아밀로이드 베타'가 뇌에 더 많이 침착된다는 사실이 밝혀졌다. 특히 수면 시간이 6시간 이하인 그룹은, 6시간 이상 자는 그룹에 비해 아밀로이드 베타의 축적률이 압도적으로 높았다.

이 연구는 수면이 단지 휴식이 아니라, 뇌 안의 독소를 씻어내는 중요한 생리 작용임을 과학적으로 입증한 사례다. 말 그대로, 잠자는 동안 뇌는 스스로를 정화하고 회복한다.

잠은 뇌에 가장 좋은 해독제다

최신 연구에 따르면, 우리가 잠을 자는 동안에도 뇌는 활발히 활동하고 있다. 그중 하나가 바로 뇌 속 노폐물인 '아밀로이드 베타'를 청소하는 작용이다. 이 물질은 알츠하이머를 비롯한 인지장애의 주요 원인 중 하나로 알려져 있다.

뇌는 깨어 있는 동안에도 일정 수준으로 이 노폐물을 배출하지만, 자는 동안에 훨씬 더 활발하게 작동한다. 쉽게 말해, 수면 중에는 뇌척수액이 뇌를 감싸고 흐르며, 노폐물인 아밀로이드 베타를 씻어내는 작용이 평소보다 훨씬 활발해진다.

우리 몸이 소변과 대변을 통해 '해독'하듯, 잠은 뇌가 독소를 배출하는 생리적 해독 활동이다. 만약 수면 시간이 부족하거나 수면의 질이 떨어지면, 뇌는 이 정화 과정을 충분히 수행하지 못하고, 오히려 노폐물이 다시 뇌에 축적되는 악순환이 발생할 수 있다.

잠을 통해 정착하는 장기기억

수면은 단순한 휴식이 아니다. 뇌는 자는 동안 기억을 정리하고, 중요한 정보를 장기기억으로 저장하는 과정을 거친다.

수면에는 두 가지 단계가 있다. 하나는 안구가 움직이는 렘REM수면, 다른 하나는 움직이지 않는 비렘non-REM수면이다. 우리는 이 두 단계를 약 90분~2시간 간격으로 반복하며 잠을 잔다.

렘수면은 비교적 얕은 잠으로, 이 시기에 주로 꿈을 꾼다. 반면 비렘수면은 더 깊은 단계이며, 이 중에서도 특히 '서파

수면Slow-Wave Sleep'이 기억 형성에 중요한 역할을 한다. 서파수면은 뇌가 가장 깊이 휴식하는 상태로, 이때 하루 동안 입력된 정보(단기기억)를 정리하여, 장기기억으로 옮기는 작업이 일어난다. 즉, 깊은 잠을 충분히 자야만 뇌는 필요한 기억을 정리해 저장하고, 불필요한 정보는 걸러낼 수 있다.

수면이 부족하거나 얕은 잠만 반복되면 이 과정이 제대로 작동하지 않아, 건망증이 잦아지고, 일상의 현실감이 흐려지는 감각에 빠질 수 있다. 심할 경우 우울감, 집중력 저하, 정체감 상실로까지 이어질 수 있다.

체내시계를 움직이는 힘, 수면과 빛

수면과 각성은 '체내시계'(생체시계)에 따라 조절된다. 인간을 포함한 대부분의 생물은 하루를 주기로 작동하는 '일주기 리듬Circadian Rhythm'을 가지고 있으며, 이 리듬에 따라 체온, 혈압, 호르몬 분비 등의 생리 기능이 변한다. 이 모든 리듬을 조절하는 핵심 메커니즘이 바로 체내시계다.

체내시계 덕분에 우리는 밤이 되면 자연스럽게 졸음을 느끼고, 아침이 되면 눈을 뜰 수 있다. 이 과정에서 중요한 역할을 하는 것이 수면호르몬 '멜라토닌'이다. 멜라토닌은 밤늦게 뇌의 송과체에서 분비되며, 체내시계를 조정해 수면과 각성의 리듬을 형성한다.

한 가지 흥미로운 사실은, 인간의 일주기 리듬은 정확히 24시간이 아니라 25시간이라는 점이다. 그대로 두면 생체리듬은 하루에 1시간씩 늦춰지며 점차 올빼미형으로 밀린다. 그러나 우리 몸에는 이를 보정하는 '동조인자zeitgeber'라는 시스템이 존재한다. 동조인자는 생체시계를 초기화해 리듬을 되돌리는 역할을 하며, 주요 요소로는 빛, 식사, 운동, 사회적 활동 등이 있다. 예를 들어, 아침 햇빛을 쬐면 생체시계가 초기화되어 뇌와 몸이 '낮' 모드로 전환된다. 반대로 밤이 되면, 낮 동안 억제되었던 멜라토닌의 분비가 다시 활성화되면서 체내는 자연스럽게 수면 모드로 전환된다.

단, 여기에는 중요한 전제가 있다. 낮 동안 햇빛을 충분히 쬐어야, 멜라토닌의 원료인 '세로토닌'이 생성된다. 세로토닌은 햇빛 노출 시 분비되며, 밤이 되면 멜라토닌으로 전환된다. 만약 낮 동안 실내에만 머물며 햇빛을 충분히 받지 못했다면, 밤이 되어도 멜라토닌이 충분히 생성되지 않아 수면의 질이 떨어질 수 있다.

또한, 밤늦게 강한 조명이나 스마트폰에서 나오는 블루라이트에 노출되면 멜라토닌 분비는 억제된다. 이러한 요소들이 수면-각성 리듬을 흐트러뜨리는 직접적인 원인이 된다.

체내시계가 교란된 상태가 지속되면, 자고 싶은 시간에 잠들지 못하고, 일어나야 할 시간에 일어나지 못하는 불균형이 발생한다. 이를 억지로 맞추려 하면 졸림, 두통, 권태감, 식욕 부진 등의 신체 증상까지 나타날 수 있다. 특히 중년 이후에는 멜라토닌 분비량이 감소하는 것이 일반적이다. 이로 인해 아침에 너무 일찍 눈이 떠지거나, 밤중에 자주 깨는 등 수면 시간이 짧아지고, 깊이도 얕아지는 현상이 나타나게 된다. 이는 단순한 노화 현상이 아니라, 체내시계의 조절 기능이 약해졌다는 생리적 신호다.

수면은 성장호르몬이 일하는 시간

수면 중, 뇌 속에서는 또 하나의 중요한 일이 일어난다. 바로 '성장'과 회복'이다. 밤이 되면 뇌에서 멜라토닌 분비가 시작되며, 이로부터 약 1시간 뒤에는 성장호르몬이 본격적으로 분비된다. 이 흐름은 잠들 무렵에 나타나는 수면-호르몬 리듬의 대표적인 패턴이다(그래프 참조).

이런 호르몬의 작용 덕분에 우리는 잠든 동안 몸을 회복한다. 예를 들어, 스트레스를 받을 때 분비되는 '코르티솔'(스트레스 호르몬)은 수면 중에는 분비량이 줄어들고, 이에 따라 혈압, 맥박, 심부 체온이 안정적으로 내려간다.

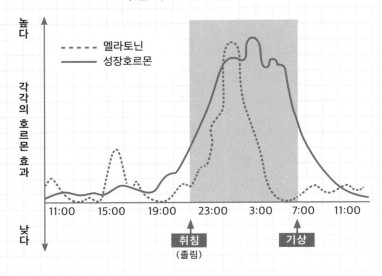

수면 시 호르몬 리듬의 예

- - - - 멜라토닌
———— 성장호르몬

높다

각각의 호르몬 효과

낮다

11:00 15:00 19:00 23:00 3:00 7:00 11:00

취침
(졸림)

기상

한편, 성장호르몬은 단지 키를 키우는 호르몬만 의미하지 않는다. 이 호르몬은 뼈와 근육을 재생하고, 손상된 세포를 복구하며, 신체를 전반적으로 회복시키는 기능을 한다. 바꿔 말해, 우리가 "졸리다"는 느낌을 받는 건 단순한 피로 신호가 아니라, 뇌가 몸과 마음의 균형을 회복하기 위해 회복 모드로 진입하려는 준비 상태라고 볼 수 있다. 즉, 잠이 쏟아지는 순간은 몸이 스스로 젊어지고 싶어 하는 강력한 신호이기도 하다.

수면은 최고의 두뇌 트레이닝

뇌는 우리가 자고 있는 동안에도 놀라울 정도로 많은 일을 해낸다. 노폐물을 배출하고, 기억을 정리하며, 몸 전체의 건강 상태를 조율하는 작업이 바로 그 시간 동안 이루어진다. 단지 "7시간은 자야 한다"는 권장 수면 시간을 기억하는 데서 그쳐서는 안 된다. 더 중요한 것은 잠든 동안 뇌에서 어떤 일이 일어나는지를 의식하고, 수면의 가치를 진지하게 받아들이는 태도다.

수면은 단순한 정지가 아니라, 뇌를 리셋하고 다시 가동시키는 가장 능동적인 시간이다. 뇌가 원활하게 작동하도록 만들기 위해, 그리고 잠들어 있던 호기심과 창의성을 다시 깨우기 위해서라도, 우리는 매일 자신의 필요 수면 시간을 의식적으로 확보해야 한다. 결국 충분한 수면은 최고의 두뇌 훈련이자, 뇌를 위한 가장 정밀한 관리 전략이다.

솔루션 ⑤
먹는 것이 곧 뇌가 된다

뇌와 장, 하나로 연결된 생명선

초고령화 사회에 접어들면서, 근육량 감소와 신체 기능 저하를 동반하는 사르코페니아Sarcopenia, 그리고 신체·인지 기능이 함께 약해지는 프레일Frail 증후군 같은 용어들이 점점 더 우리 귀에 많이 들린다. 이와 함께 단백질 섭취가 노화 예방의 핵심 대책으로 주목받고 있다. 단백질(아미노산)은 근육과 뼈는 물론, 뇌의 기능 유지에도 반드시 필요한 영양소다. 여기서는 단백질을 포함해, 뇌에 필요한 주요 영양소와 이를 조절하는 '장과의 연결성'에 초점을 맞춰보자.

뇌의 활동과 성장에 필요한 영양을 이야기할 때 우리는 두 가지 측면을 고려해야 한다. 하나는 뇌에 직접 작용하는 영양 공급 경로, 다른 하나는 장내 환경이 뇌에 미치는 간접 영향이다. 이 두 영역은 '장뇌축Gut-Brain Axis' 이론으로 설명할 수 있는데, 자율신경과 호르몬을 통해 서로 긴밀하게 연결되어 있다.

예를 들어, 심한 스트레스를 받았을 때 복통, 설사, 변비를 겪는 경우가 흔하다. 이는 뇌가 스트레스 신호를 장에 전달한 결과다. 반대로 장의 상태가 나쁘면, 뇌도 이를 감지해 기분이 가라앉거나 불안감이 커지는 현상이 나타난다.

장은 음식물과 직접 접촉하는 주요 소화기관이다. 이곳에는 1천 종 이상, 약 100조 개에 달하는 장내세균이 서식하고 있으며, 이들을 통틀어 장내균총(또는 장내 플로라, 장내 미생물군)이라 부른다. 이 장내세균들은 크게 셋으로 구분된다.

- 몸에 유익한 균
- 해로운 영향을 주는 유해균
- 상황에 따라 성질이 바뀌는 중간균

이 균들 간의 균형이 장 건강의 핵심이다. 유익균이 우세

하면 장내 환경이 개선되고, 그 영향은 뇌의 기능과 기분에도 긍정적으로 이어진다. 특히 최근에는 장내세균의 다양성 자체를 건강지표로 보는 흐름도 뚜렷해지고 있다. 장내균총은 식사뿐 아니라 수면, 운동 등 생활 습관 개선을 통해서도 회복될 수 있다. 결국 건강한 장이 곧 건강한 뇌로 이어진다는 점에서, 장 관리는 뇌 관리의 시작점이라 할 수 있다.

신경전달물질, 뇌를 움직이는 화학 사슬

쇠약해지기 시작한 뇌를 다시 성장 궤도에 올려놓기 위해 핵심적인 역할을 하는 존재가 있다. 바로 신경전달물질이다. 우리 뇌에는 1천억 개 이상의 신경세포가 존재하며, 이들이 서로 연결되고 네트워크를 형성하면서 뇌의 개성과 기능이 나타난다. 이 신경세포들이 연결되는 과정에서 꼭 필요한 것이 바로 신경전달물질이다. 신경전달물질은 호기심이 동반된 인지 활동 중에 활발히 분비되며, 수면과 식사를 통해 그 분비량을 조절할 수 있다.

신경전달물질은 크게 두 가지로 나뉜다.

· 각성물질: 뇌를 활성화시키는 역할
· 억제물질: 뇌를 진정시키고 휴식 상태로 전환시키는 역할

즉, 뇌의 작동과 정지, 리듬을 조절하는 실질적 조율자가 신경전달물질인 셈이다. 이들의 원료는 주로 식사를 통해 공급되는 단백질과 아미노산이다. 음식 속 영양소가 신경전달물질의 기반이 되기 때문에, 무엇을 먹는지가 곧 뇌의 작동에 영향을 준다.

현재까지 밝혀진 신경전달물질은 수십 종에 이르며, 대표적인 예로는 도파민, 세로토닌, 옥시토신(각성물질)과 GABA, 글리신(억제물질) 등이 있다.

세로토닌, 뇌와 장을 동시에 움직이다

특히 주목할 만한 신경전달물질이 세로토닌이다. 세로토닌은 각성물질로 분류되지만, 억제물질로도 전환이 가능한 이중적 성격을 지니며, 뇌의 균형 유지에 핵심적 역할을 한다. 또한 세로토닌은 수면호르몬인 멜라토닌의 전구체(前驅體, 생화학에서 특정 물질이 다른 물질로 변환되기 위해 필요한 중간 단계의 물질을 말하며, '원료' 역할을 한다—편집자)이기도 하다. 낮 동안 충분한 세로토닌이 생성되지 않으면 밤에 멜라토닌 분비가 줄어들어 수면의 질까지 저하될 수 있다.

더 놀라운 사실은, 세로토닌의 약 90퍼센트가 장에서 생성된다는 점이다. 세로토닌은 장의 연동운동(소화 활동)을 촉진하며, 이 과정에서 장내세균이 깊이 관여한다. 장내세균은 단순히 소화만 돕는 것이 아니라, 뇌 속에서 세로토닌이 만들어지기 위한 전구체 생산에도 관여하는 것으로 밝혀졌다. 즉, 세로토닌은 뇌와 장 양쪽에 직접적인 영향을 미치는 중요한 연결 고리다. 세로토닌은 햇빛을 쬘 때 가장 활발히 생성되며, 식이요법을 통해서도 분비를 촉진할 수 있다. 다만, 어떤 영양소든 과도한 섭취는 오히려 해가 될 수 있으므로, 균형 잡힌 식사가 가장 중요하다.

뇌와 장을 위한 필수 영양소 ①
오메가3

최근 미디어와 약국에서 자주 등장하는 영양소가 있다. 바로 EPA와 DHA다. EPA는 에이코사펜타엔산eicosapentaenoic acid, DHA는 도코사헥사엔산docosahexaenoic acid의 약자로, 둘 다 오메가-3(n-3계열) 불포화지방산에 속한다. 이들은 상온에서도 굳지 않는 지방산으로, 같은 불포화지방산 계열인 오메가-6(n-6계열)과 함께 뇌 건강과 신경세포 기능 유지에 핵심 역할을 한다.

오메가-3는 주로 등푸른 생선이나 식물성 기름(아마씨유, 들기름 등)에 함유되어 있고, 오메가-6는 올리브유, 해바라기

유 등에 많다. 이들 지방산은 뇌 신경세포의 세포막을 구성하는 주재료다. 체내에서 오메가-3가 부족해지면 세포막의 유동성과 신경세포 간 신호전달 능력이 떨어지며, 뇌 기능 전반에 부정적인 영향을 줄 수 있다. 특히 EPA는 혈액과 혈관 건강 유지에 중요한 기능을 하며, 실제로 고지혈증이나 동맥경화 치료제로 활용될 정도다.

하지만 최근 생선 섭취량이 줄어들면서 오메가-3의 결핍이 점점 심화되고 있다. 오메가-3를 효과적으로 섭취하려면 아래와 같은 식품을 참고하자.

· 등푸른 생선: 청어, 꽁치, 고등어, 정어리
· 식물성 기름: 아마씨유, 들기름
· 견과류: 호두 등

불포화지방산은 열에 약하고 산화되기 쉬운 특성을 지니고 있다. 이러한 지방산이 체내에서 변질되면 세포 기능 저하를 유발할 수 있으며, 특히 산화된 불포화지방산이 포함된 산화 LDL은 동맥경화를 유발하고 혈전 형성을 촉진해 심혈관 건강에 해를 끼칠 수 있다. 따라서 불포화지방산을 섭취할 때는 가급적 가열하지 않은 상태로 섭취하는 것이 이상적이다. 그중에서도 올리브유는 비교적 산화에 강한 편이기 때문에 가열 요리에 사용하면 좋다.

반면, 아마씨유나 들기름처럼 산화에 민감한 오일은 샐러드나 차가운 요리 등 가열이 필요 없는 방식으로 활용하는 것이 바람직하다. 또한 청어는 EPA와 DHA 같은 오메가-3 지방산뿐 아니라 철분 같은 미네랄도 풍부하므로, 일상적으로 자주 섭취하면 뇌와 혈관 건강에 모두 도움이 된다.

뇌와 장을 위한 필수 영양소 ②
식이섬유와 발효식품

장내 환경을 개선하려면 유익균이 잘 자랄 수 있는 식생활을 만들어야 한다. 핵심은 두 가지다. 하나는 유익균의 먹이가 되는 음식을 충분히 섭취하는 것이고, 다른 하나는 유익균 그 자체를 음식이나 영양제로 섭취하는 것이다.

이때 가장 중요한 영양소가 바로 식이섬유다. 식이섬유는 크게 수용성 식이섬유(물에 녹는 섬유)와 불용성 식이섬유(물에 녹지 않는 섬유)로 나뉜다. 유익균의 주요 먹이는 수용성 식이섬유이며, 이 섬유를 발효시켜 생성하는 것이 단쇄지방산SCFAs, short-chain fatty acids이다. 단쇄지방산은 장내 환경을 개선하고, 염증 억제와 면역 기능에도 긍정적 영향을 미친다고 보고되고 있다. 반면 불용성 식이섬유는 장 내에서 수분을 흡수해 부피를 늘리고 배변을 촉진하는 역할을 한다.

수용성 식이섬유가 풍부한 식품으로는 콩류, 보리 등의 곡물, 양파·우엉 등의 채소, 키위 등 과일, 미역·다시마 등 해조류가 있다. 특히 양파와 우엉에 포함된 올리고당은 유익균이 좋아하는 주요 먹이다. 현대인의 식단은 식이섬유가 턱없이 부족한 경우가 많기 때문에, 의식적으로 섭취량을 늘릴 필요가 있다. 채소는 생으로 먹어도 좋지만, 익히거나 굽는 방식도 괜찮다. 일단 양을 늘리는 것이 중요하다.

대표적인 유익균으로는 유산균, 비피더스균, 락트산균, 부티르산균 등이 있으며, 이는 식품뿐 아니라 영양제 형태로도 섭취할 수 있다. 특히 비피더스균과 부티르산균이 수용성 식이섬유를 먹고 생성하는 단쇄지방산(초산, 낙산 등)이 장 건강과 면역에 매우 긍정적인 영향을 미친다는 연구 결과도 보고되고 있다. 유산균과 비피더스균은 요거트 외에도 된장, 장아찌, 김치, 낫토, 치즈 같은 발효식품을 통해서도 섭취 가능하다(참고로 낙산균은 식품에서 거의 얻기 어려워 영양제를 통해 보충해야 한다). 이러한 발효식품은 매일 꾸준히 먹는 것이 가장 중요하다.

뇌와 장을 위한 필수 영양소 ③
세로토닌을 늘리는 트립토판

세로토닌은 뇌와 장 모두에 작용하는 대표적인 신경전달물질이다. 하지만 세로토닌은 체내에서 직접 만들어지지 않고, 반드시 트립토판이라는 필수 아미노산을 통해 합성된다. 트립토판은 체내에서 생성되지 않기 때문에, 반드시 음식으로 섭취해야 한다. 세로토닌 수치를 높이기 위해서는 곧 트립토판이 풍부한 식품을 꾸준히 섭취해야 한다는 뜻이다. 트립토판이 풍부한 대표 식품은 다음과 같다. 이 중 특히 추천하고 싶은 것은 붉은 살 생선과 콩류 식품이다.

- 어류: 참치, 가다랑어, 연어 등 붉은 살 생선
- 육류: 돼지고기, 소고기, 닭고기
- 콩 가공 식품: 낫토, 두부, 두유
- 유제품: 우유, 치즈, 요거트
- 기타: 현미, 메밀, 바나나, 다크초콜릿

뇌와 장을 위한 필수 영양소 ④
인지기능을 위한 철분

비타민처럼 신체 기능을 유지하고 조절하는 데 필수적인 영양소가 바로 미네랄이다. 미네랄은 영양소의 분해와 합성, 대사에 관여하는 효소의 활성화를 돕는 등, 몸 전체의 생리 기능을 원활하게 유지하는 데 핵심적인 역할을 한다. 그중에서도 뇌 건강과 인지 기능에 특히 주목해야 할 미네랄이 바로 철분이다.

철분은 적혈구 속 헤모글로빈hemoglobin을 구성하는 핵심 요소로, 산소를 온몸으로 운반하는 기능을 담당한다. 헤모글로빈은 철heme과 단백질globin로 이루어져 있으며, 철분이 부족하면 산소 운반 능력이 떨어져 빈혈, 만성 피로, 활동 저하 등이 나타날 수 있다. 뿐만 아니라, 철분은 인지 기능 저하와도 밀접하게 연관되어 있다. 세계보건기구는 철분 섭취가 비용 대비 효과가 가장 높은 인지장애 예방 및 치료법이라고 밝히며, 적극적인 섭취를 권장한다.

철분이 부족하면 호흡이 얕아지고 불안이나 공황 증상이 발생하기 쉽다. 또한 철분 결핍은 세로토닌과 도파민 합성에 필요한 산소 활성을 저하시켜, 이들 신경전달물질의 정상적인 생성을 방해한다. 철분은 철제 냄비나 주전자를 사용하는 것만으로도 일부 보충할 수 있지만, 보다 효과적인 섭취를 위해서는 철분이 풍부한 식품을 통해 보완하는 것이 바람직하다.

- 육류: 소고기, 돼지고기 등의 붉은 살 정육, 간

- 어류: 참치, 가다랑어 등 붉은살 생선

- 조개류: 바지락, 백합, 굴

- 채소: 시금치, 브로콜리, 풋콩, 누에콩

- 기타: 두유, 달걀, 참깨

식품에 포함된 철분은 두 가지 형태로 나뉜다. 동물성 식품(육류, 생선)의 혈액과 근육에 들어 있는 철분은 '햄철heme iron', 채소나 식물성 식품에 많이 들어 있는 철분은 '비햄철 non-heme iron'이라고 부른다. 조개류에는 햄철과 비햄철이 모두 포함되어 있다. 햄철은 헤모글로빈의 형태로 존재하며 흡수율이 높아, 체내 이용 효율이 매우 우수하다. 따라서 철분을 보다 효과적으로 보충하고 싶다면, 햄철이 포함된 식품을 중심으로 섭취하는 것이 바람직하다.

건강보조식품을 활용하는 법

건강을 위한 영양 섭취는 식사를 통한 섭취가 기본이다. 그러나 요리 방식이나 식재료 구성에 따라 영양소가 파괴되거나 섭취가 불균형해지는 경우도 많다. 이럴 때 부족한 부분을 보완하는 수단으로 건강보조식품(영양제)을 활용하는 것이 도움이 된다.

　나 역시 지금까지 다양한 영양제를 시험 삼아 복용해왔다. 이 과정은 단순한 보충을 넘어서, 식사의 중요성을 다시 체감하고 내 몸과 음식 간의 반응을 이해하게 되는 계기가 되었다. 무엇을 먹으면 내 몸이 가볍고, 어떤 성분이 맞지 않는지를 스스로 구별할 수 있는 감각이 길러진 것이다.

　그중 내가 꾸준히 섭취하는 제품은, 가리비에서 고도로 정제한 플라즈마로겐plasmogen을 함유한 영양제다. 이 제품에는 DHA와 EPA도 함께 들어 있어, 뇌 신경세포의 세포막 구성과 유지, 특히 뇌 백질의 노화 방지와 재생 촉진에 효과적이라는 연구 결과가 있다. 실제로 규슈대학에서 진행한 인지장애 환자 대상 연구에서도 플라즈마로겐의 긍정적 효과가 확인되었으며,[6] 이 성분의 결핍이 발달장애나 뇌 기능 저하와도 관련이 있다는 연구도 보고된 바 있다.[7]

솔루션 ⑥
오래된 뇌 캐시를 정리하라

기억을 더하려면 먼저 비워야 한다

새로 산 컴퓨터나 스마트폰은 처음엔 쾌적하게 잘 작동한다. 하지만 시간이 지날수록 속도가 점점 느려지는 것을 경험한다. 잘 알려진 것처럼, 이는 작업 중 생성된 데이터가 쌓이며 캐시 메모리가 가득 차는 현상 때문이다(물론 다른 원인도 있다).

'캐시cache'란, 자주 사용하는 사이트 정보나 데이터를 임시로 저장해두는 기술이다. 이 덕분에 매번 처음부터 정보를 불러오지 않아도 되어, 처리 속도가 빨라진다. 그러나 캐시가 너무 많이 쌓이면 오히려 데이터를 찾는 데 시간이 더 걸려 속도가 느려진다. 이럴 때는 캐시를 삭제해 메모리에 여유 공간을 만들어야 다시 원활하게 작동한다.

놀랍게도 뇌도 이와 비슷한 방식으로 작동한다. 일상에서 우리가 하는 일, 놀이, 생각 등은 모두 뇌에 '일시 데이터'로 저장된다. 이것이 바로 단기 기억이다. 매일 쌓이는 이런 뇌의 '캐시'가 점점 늘어나면, 어느 순간부터 뇌가 과부하 상태에 빠진다. 처리 속도가 느려지고, 집중력과 기억력도 떨어진다.

특히 건망증이나 뇌 기능 저하가 걱정되는 경우, 우리는 어떻게든 기억을 붙잡아두려 애쓰곤 한다. 하지만 오히려 이럴 때일수록, 기억을 더 저장하려 하기보다는 쌓인 정보를 비워주는 것이 더 효과적이다. 불필요한 캐시를 덜어내는 것만으로도, 뇌는 다시 가볍게 움직이며, 본래의 기능을 되찾기 시작한다.

재택근무가 당신의 뇌를 느리게 만드는 이유

재택근무의 단점에 대해서는 앞서 중년층이 겪는 문제를 설명하며 언급한 바 있다. 물론 재택근무가 무조건 나쁘다는 뜻은 아니다. 실제로 어떤 회사든 "재택근무를 하니 일이 더 잘됐다"고 말하는 사람은 있기 마련이다. 예를 들어, 주변을 신경 쓰지 않아도 되니 오히려 자율적으로 일할 수 있었고, 자신의 의견도 더 명확하게 표현할 수 있어 좋았다는 이들도 있다. 혹은 출근할 때보다 오히려 집중력이 높아져 일의 진행 속도가 빨라졌다고 말하는 경우도 있다.

하지만 앞서 언급했듯이, 재택근무의 가장 큰 문제는 업무와 휴식 간의 '전환'이 어렵다는 점이다. 사무실처럼 명확한 온·오프 구분이 없는 환경에서는 몸과 뇌가 자연스럽게 전환되는 경험이 줄어든다. 특히 재택근무를 선호하는 사람들 중에는 대면 소통을 피하거나 반복적 업무에 익숙한 경향이 있어, 변화를 스스로 만들어내는 데 어려움을 느끼는 경우도 많다.

그 결과 뇌는 한 가지 일에 장시간 머물게 되고, 업무 중 생성된 '정보의 잔여물'(뇌 속 캐시 메모리)이 비워지지 않은 채 계속 쌓이게 된다. 이처럼 전환 없이 이어지는 작업은 뇌의 효율을 점점 떨어뜨린다. 재택근무를 좋아하는 사람일수록, 오히려 뇌 속에 캐시가 더 많이 쌓여 있을 수 있다는 점을 기억하자. 어느 순간 일의 속도가 느려지고 집중이 잘 되지 않는다면, 그건 단순한 피로가 아니라, '뇌의 캐시 정리'가 필요하다는 신호일지 모른다.

뇌를 가볍게 만드는 4가지 캐시 분류법

컴퓨터나 스마트폰을 사용할 때, 캐시 메모리를 주기적으로 비우는 일은 쾌적한 작동을 위한 기본 중의 기본이다. 하지만 캐시를 지울 때는 반드시 유의할 점이 있다. 모든 데이터를 무턱대고 한꺼번에 삭제해서는 안 된다는 것이다.

캐시를 삭제하기 전에, 쌓인 데이터를 잠깐이라도 정리하고 분류하는 과정이 반드시 필요하다. 이 과정을 생략하면, 중요한 정보를 실수로 지우게 되거나, 데이터 간 혼선이 발생해 원하는 정보를 불러올 수 없는 문제가 생긴다. 혹시 컴퓨터에서 캐시를 정리하다가 패스워드처럼 꼭 필요한 정보까지 날려버린 경험, 한 번쯤은 있지 않은가?

뇌의 캐시 메모리도 마찬가지다. 불필요한 정보를 비워내고, 중요한 기억을 장기 저장으로 정착시키기 위해서는 분류가 선행되어야 한다. 예를 들어, 매일 이메일을 확인하며 우리는 자연스럽게 우선순위를 매긴다. 즉시 답장할지, 나중에 할지, 무시해도 될지를 판단하는 것이다. 그러나 이 판단을 감정적으로 해버리면, 보내고 나서 후회하는 일도 생긴다.

뇌 속 캐시는, '정리 → 분류'의 순서로 처리해야 한다. 이 순서가 핵심이다. 캐시를 분류할 때 가장 중요한 기준 중 하나는 바로 자신의 욕구다. '하고 싶은 일'과 '하기 싫은 일'로 나누는 것, 즉 호기심의 방향이 기준이 된다. 이 기준 없이 무작정 정보를 분류하면, 나중에 인생에 있어 중요한 기억까지 잘못 삭제해버릴 수 있다.

물론, 하고 싶지는 않지만 꼭 해야 하는 일도 있다. 하지만 어렵게 생각할 필요는 없다. 하루 혹은 전날 동안 일어난 일을 차분히 떠올리며 아래 기준에 따라 캐시를 정리하면 된다.

나는 뇌의 캐시를 다음의 4가지 카테고리로 분류한다.

① 장기 저장할 캐시

– 일시적이 아닌, 반드시 오래 기억해두어야 할 정보

– 반복적으로 떠올리며 장기 기억으로 정착시켜야 한다.

② 삭제해도 되는 캐시

– 이미 해결되었거나, 오래되어 사용할 일 없는 정보

– 관심도 없고 불필요하다면 즉시 삭제하는 것이 좋다.

③ 지금은 해결할 수 없는 캐시

– 해결의 필요성은 있지만, 당장은 방법이 없는 정보

– 지금 고민해도 답이 안 나올 때는 잠시 내려놓자.

– 오히려 시간이 지나면서 자연스럽게 해결될 수도 있다.

④ 해결하기 어렵고 감정적으로 남는 캐시

– 마음을 갉아먹는 문제

– 스스로 단단히 결심하고 에너지를 써야만 해결이 가능한 캐시

– 가장 뇌에 부담을 주는 유형이다.

　이렇게 분류해두면, 뇌는 지금 처리해야 할 메모리에 집중할 수 있게 된다. 불필요한 캐시는 과감히 지우고, 중요한 정보는 장기 기억으로, 애매한 정보는 보류 처리하면 된다. 숙달되면 눈앞의 정보도 훨씬 빠르게, 자연스럽게 처리할 수 있다. 뇌는 사용법을 알고 다루기만 해도 스스로 정리하고 회복하는 능력을 지닌 기관이다.

저녁엔 긍정, 아침엔 분류:
생각을 정돈하는 뇌의 이중 루틴

그렇다면 뇌의 캐시 메모리는 언제 확인하는 것이 가장 좋을까? 추천하는 방법은 하루에 두 번, 잠들기 전과 아침에 일어난 직후다. 가능하다면 매일 비슷한 시간대에 반복하는 것이 이상적이다. 단, 아침과 저녁에 하는 캐시 확인은 목적이 다르다.

밤의 캐시 확인은 5분 이내의 짧은 시간으로도 충분하다. 그날 있었던 일들을 간단히 되짚어보되, 하나하나 엄밀히 분석할 필요는 없다. 특히 부정적인 캐시는 밤에 깊이 파고들면 안 된다. 하루를 마친 상태에서는 판단력이 떨어지고, '무언가를 마무리해야 한다'는 의무감이 뇌를 압박하기 쉽다. 이런 상태에서 중요한 결정을 하려 들면, 오히려 더 혼란스러워진다. 따라서 저녁에는 단순히 오늘 있었던 즐거운 일, 기분 좋았던 순간들을 떠올리는 정도로 가볍게 정리하자. 하루를 잘 마무리하고, 긍정적인 마음으로 잠드는 습관은 뇌 건강에 매우 중요하다.

반대로, 부정적인 캐시야말로 아침에 확인하는 것이 좋다. 숙면 후 정신이 맑을 때는 이성적인 판단이 가능하다. 전날의 기억을 객관적으로 돌아보고, 오늘의 계획과 연결할 수 있다. 나는 이 과정을 '피드백'이라고 부르는데, 뇌의 정리를 위한 핵심 루틴이다(3장에서 자세히 설명하겠다). 아침의 캐시 확인에서는 다음과 같은 기준으로 정보를 나누어 보자.

· 오늘 가장 먼저 해야 할 일

· 처리 방법이 고민되는 일

· 오늘 안에 마쳐야 하는 일

이런 방식으로 정리하면, 하루를 더 가볍고 적극적인 태도로 시작할 수 있다.

이러한 '성찰 → 분류 → 피드백 → 실행'의 루틴을 하루 단위로 반복하면, 자신의 상황, 해야 할 일, 관심의 방향, 삶의 목표에 대해 객관적인 인식 능력이 생긴다. 이것은 일하는 사람에게 성공의 핵심 습관이라 해도 과언이 아니다.

생각을 지우고 싶다면, 먼저 푹 자라

불필요한 캐시를 삭제하는 가장 좋은 방법은 무엇일까?

정답은 단순하고 분명하다. 바로 수면이다. 앞서도 언급했듯이, 장기 기억이 제대로 저장되려면 수면이 반드시 필요하다. 잠을 충분히 자면, 중요한 기억은 뇌에 깊이 각인되고, 반대로 쓸모없는 정보, 즉 불필요한 캐시는 자연스럽게 제거된다.

마치 컴퓨터나 스마트폰처럼, 뇌도 캐시가 지나치게 쌓이면 작동이 느려지고 효율이 떨어진다. 이럴 땐 단순하게, 충분히 자는 것이 가장 효과적인 해결책이다. 낮 동안 과하게 매달린 문제, 일과 관계된 스트레스, 지금 해결할 수 없는 생각들 역시 하룻밤 푹 자고 나면 자연스럽게 정리되는 경우가 많다. 그렇기 때문에, 생각보다 많은 문제가 수면이라는

'무의식의 정리 시간'을 통해 스스로 해결되곤 한다.

지금 당장 판단해봤자 답이 나올 수 없는 문제들에 대해선, '미루기'가 오히려 더 나은 전략일 수 있다. 서둘러 결정하려다 오히려 좋지 않은 결과를 낳는 경우가 많기 때문이다. '지금 말고, 나중에 생각해도 된다'고 마음먹는 순간, 뇌는 불필요한 캐시를 하나씩 줄이기 시작한다. 실제로 우리 클리닉에도 머릿속 안 좋은 생각이 계속 맴돌아 잠을 이루지 못한다는 분들이 자주 찾아온다. 이럴 때 해결책은 명확하다. 그 생각을 더 하지 않는 것이 아니라, 푹 자는 것이다.

잠은 뇌를 위한 정리의 시간이다. 자기 전에는 '자고 나면 괜찮아질 거야' 하고 뇌를 다독여야 한다. 제대로 된 수면만으로도, 불필요한 캐시는 확실히 줄어들 수 있다. 그리고 그때 비로소, 문제는 진짜로 풀리기 시작한다.

부정적 감정, 잘만 다루면 기회가 된다

삭제할지 말지 판단이 어려운 캐시, 미뤄두어도 좀처럼 지워지지 않는 캐시도 있다. 바로 이런 애매하고 부정적인 캐시야말로, '호기심'이 개입할 차례다. '이렇게 해보면 해결되지 않을까?', '오히려 이 상황을 기회로 바꿀 수 있지 않을까?' 그런 상상과 시도를 통해 뇌의 정체된 정보 흐름을 전환해보자. 이런 시도는 반복 실패를 전제로 한다. 하지만 실패를 통해 캐시는 달라진다. 기분 나쁜 캐시가 점차 사라지고, '내일은 더 잘해볼 수 있겠지'라는 작은 기대감의 캐시로 바뀌는 순간이 찾아온다.

내게는 이 과정을 망둥이 낚시에 비유하고 싶다. 어릴 적, 잡히지 않는 망둥이가 인생 최대의 고민이었다. 그것은 스트레스이자 동시에 호기심을 유지하는 훈련이기도 했다. 누구나 스트레스의 내용은 다르다. 그래서 타인의 문제에 함부로 개입하거나 판단하기 어렵다. 결국 중요한 건, 스스로에게 필요한 정보를 선별하고 재구성할 수 있는 자기 인식과 호기심이다. 그 둘이야말로 뇌가 캐시를 제대로 분류하는 데 반드시 필요한 힘이다.

생각이 무거워지기 전에, 뇌를 껐다 켜라

불필요한 캐시를 삭제하는 것도 중요하지만, 애초에 과도하게 쌓이지 않게 하는 것이 더 중요하다. 뇌가 쉬지 못하고 계속 일하는 상태에 있으면, 캐시는 쌓이기만 하고 정리되지 않는다. 계속 뇌를 켜두는 습관이 캐시 축적의 원인이다.

이를 막기 위해 필요한 것이 바로 '전환'이다. 업무와 휴식 사이, 일과 일상 사이에 명확한 전환을 설정해야 한다. 전환이 잘 되면 뇌는 다른 영역을 사용하면서, 쓸모없는 정보가 새 정보로 자연스럽게 정리된다.

전환의 실천법은 간단하다. 작업마다 '시작과 종료 시점'을 미리 정해두는 것! 뇌는 게으른 상태에 머무르기를 좋아한다. 명확한 시간 구분 없이 "아무 때나 해도 돼"라고 느끼는 순간, 시작도 늦고 종료도 질질 끌리게 되며, 결국 불필요한 캐시만 늘어난다.

게으른 뇌를 움직이려면 말로 명령하라

전환이란 누가 시켜서 하는 게 아니다. 중요한 건 자기 의지로, 뇌의 스위치를 켜고 끄는 능력이다. 지시에 따라 억지로 전환되는 것이 아니라, 스스로 원하는 방향으로 전환하는 힘 말이다.

전환에 능숙한 사람은 지금 자기가 무엇을 할지, 언제 멈출지를 정확히 인식한다. 가령 "오전 9시부터 12시까지는 업무, 이후 2시간은 온전한 휴식"과 같이 구체적으로 계획하고, 정해진 시간에 뇌를 단호히 전환하는 습관이 필요하다. 그렇게 하면 불필요한 캐시는 삭제되고, 남은 캐시는 분류되며, 뇌의 사용 효율은 비약적으로 향상된다.

여기서 중요한 팁이 하나 있다. 계획은 그냥 머릿속으로

만 세우지 말고, 직접 써보거나 소리 내어 말해보면 더 좋다. 이렇게 하면 뇌는 명확한 '명령'을 인식하고, 실제로 행동에 옮기기 시작한다. 뇌가 전환 신호를 정확히 받아들여야 비로소 완전히 쉴 수 있다. 그제야 몸과 마음이 진짜로 편안해진다.

솔루션 ⑦
호기심은 귀에서 시작한다

공감하지 못할 때, 우리는 괴물이 된다

호기심의 씨앗을 발견하고 북돋우며 키워나가기 위해서는 타인과의 커뮤니케이션이 필수적이다. 특히 세대와 입장, 배경이 다른 사람들과 원활하게 소통하려면 '뇌의 공감 능력'이 중요하다. 공감 능력이란, 자신을 사랑하고, 타인을 존중하며, 결국 누구에게나 사랑받을 수 있는 태도라고 말할 수 있다. 하지만 현실에서는 이 상태에 이르는 것이 쉽지 않다. 공감은 누구나 가질 수 있지만, 저절로 생기는 능력은 아니다. '100세 시대'를 살아가는 지금, 사랑받는 사람으로 살아가는 것은 인생을 보다 풍요롭고 건강하게 만드는 중요한 요소다.

반면 최근에는 그 반대되는 존재, 빌런Villain이라는 표현이 곳곳에서 등장하고 있다. '빌런 상사', '빌런 손님'처럼, 공감을 잃고 자기중심적인 태도를 보이는 사람들이 느는 것이다. 일본에서는 이런 현상을 '욱하는 노인'이라 부르며 사회적 이슈로 다루기까지 했다. 하지만 이런 '괴물화'는 결코 특정 세대나 성별만의 문제가 아니다. 우리 모두가 괴물이 될 가능성을 지니고 있다. 혹시 아래의 6가지 중 해당되는 문장이 있다면, 지금 당신의 뇌에도 '괴물화 경고등'이 켜졌을 수 있다.

① 대면 중인 사람의 눈을 3초 이상 바라보지 못한다.

② 기분이 나쁠 때, 바로 욱하거나 화를 낸다.

③ 타인의 말이나 행동에 자주 짜증이 난다.

④ 일방적으로 주장하고 설득하려 한다.

⑤ 가족, 친구, 동료 등의 이야기를 귀담아 듣지 않는다.

⑥ 자신의 일정에 따라 주변 사람들을 함부로 휘두른다.

하나라도 해당된다면, 당신 안에서 괴물화가 진행될 가능

성이 있다는 뜻이다. 3가지 이상이라면, 이미 꽤 위험한 상태일 수 있으니 주의가 필요하다.

나도 모르게 빌런이 되는 이유

괴물화가 일어나는 사람들에겐 한 가지 공통점이 있다. 자신과 다른 세대나 입장에 놓인 사람과 조율하는 법을 모른다는 점이다. 예컨대, 자녀의 성적이 기대만큼 오르지 않거나, 회사 프로젝트가 계획대로 진척되지 않을 때, 그 좌절감을 감정적 폭발로 표출해버리는 경우다.

이런 사람들의 특징은, "나에겐 당연한 것이 왜 너에겐 당연하지 않지?"라는 시선에서 벗어나지 못한다는 것이다. 공감력이 떨어진 상태이며, 뇌가 제대로 일하지 않는 신호이기도 하다.

여기에 편협한 기억과 단편적인 정보가 결합되면, 판단은 극단적이고 일방적인 결론으로 흐르기 쉽다. 결국 관계는 망가지고, 본인은 오히려 더 고립된다. 이런 오류를 피하려면 특히 나보다 어린 세대나 입장에 놓인 사람에게, 과거 자신의 경험만을 기준 삼아 이야기해서는 안 된다. 경험이 많을수록, 선입견 또한 깊어질 수 있기 때문이다.

나이가 들수록, 경험은 축복이기도 하지만, 타인의 다

른 방식과 관점을 받아들이지 못하는 장벽이 되기도 한다. 40대 후반 이후에는 더더욱, "내가 아는 방식이 전부가 아닐 수 있다"는 자각이 필요하다.

듣는 사람의 뇌는 다르게 작동한다

소속된 조직이나 관계 안에서 '빌런'이 되고 싶지 않다면, 나와 다른 세대나 관점을 가진 사람들에게도 신뢰받고 존중받는 사람이 되는 것이 중요하다. 직장이나 모임에서도 보면, 분위기를 따뜻하게 만들고, 사람들을 편하게 해주는 이들이 있다. 이들의 공통점은 바로 '듣는 힘', 즉 경청의 능력이 뛰어나다는 것이다.

나는 여러 장소에서 강연하며 수많은 직장인을 만났다. 그 가운데 일반 회사원과 비즈니스 리더 사이에 '듣는 태도'의 차이가 있다는 것을 발견했다. 성공한 사람일수록 말없이 경청하는 경향이 강했다. 실제로 이런 사람들의 뇌 MRI를 보면, 듣기에 관여하는 청각 영역이 발달해 있는 경우가 많다. 그만큼 듣는 능력은 뇌의 작동 방식, 사고력, 감정까지 영향을 준다. 듣지 못하면 생각도 못 하고, 타인에게 신뢰받을 수도 없다.

이는 단순히 호기심을 가로막는 문제가 아니라, 새로운

능력과 성장 기회를 스스로 차단하는 결과로 이어질 수 있다. 결국 '듣지 않는 사람'은 배우지 못하고, 배움이 멈춘 곳에서는 발전도 없다. 일상 대화에서도 의식적으로 자신의 경험은 잠시 미루고, 상대의 말을 끝까지 들어보는 연습이 필요하다. 단순히 말의 내용만 듣는 것이 아니라, 상대의 성향, 배경, 감정 상태까지 주의 깊게 살펴보려는 태도가 중요하다. 이런 태도는 타인과의 거리를 자연스럽게 좁혀주며, 때로는 조언보다 더 깊은 위로를 전하는 '진짜 듣는 사람'으로 만들어준다.

책이나 뉴스, 어떤 콘텐츠를 접할 때도, '이건 누가, 왜 이런 말을 하고 있을까?', '이 정보는 어떤 맥락에서 나왔을까?' 같은 질문을 던져보자. 이런 습관은 타인에 대한 공감 능력을 키우고, 결국 세상과 소통하는 능력을 깊고 단단하게 만든다.

공감은 '같은 경험'에서 시작된다

행사나 강연 같은 자리에 함께한 사람들은 같은 시간, 같은 공간에서 비슷한 체험을 공유하게 된다. 이는 서로에게 공통된 기억을 만들어주고, 자연스럽게 친밀감을 형성하는 계기가 된다. 이처럼 공동의 경험은 뇌의 공감 능력을 높이는 동시에 이해력을 키우는 데도 도움이 된다.

　사람들에게 사랑받고 싶은가? 그렇다면 많은 이들과 같은 경험을 나눌 기회를 의도적으로 만들어보자. 직장에서도 마찬가지다. 대면 회의와 화상 회의는 이해도에서 분명한 차이를 보인다는 사실은 이미 여러 연구를 통해 확인된 바 있다. 실제로 재택근무 중엔 업무 관련 메시지를 제대로 전달했다고 생각했지만, 오해가 발생하는 경우가 종종 있다. 이는 물리적 접촉이나 공동 경험이 부족해 뇌의 공감 회로가 활성화되지 못한 상태에서 소통하기 때문일 수 있다. 팀의 소통력과 성과를 높이고 싶다면, 비대면 환경일수록 '같은 시간, 같은 체험'을 공유하는 기회를 의도적으로 자주 만들어야 한다.

가르치려 말고 들려줘라

이제부터 하는 이야기는 특히 중장년층에게 꼭 전하고 싶은 제안이다. 형제자매가 적고, 사람 간 연결이 느슨해지기 쉬운 지금 같은 시대엔, 중년 이후의 삶을 살아가는 이들이 자신의 경험을 다음 세대에게 나누는 것이 중요하다. 후배라 해서 직장 내 부하직원뿐 아니라, 자녀·손주·동호회의 젊은 친구들까지 모두 포함된다.

무언가를 꼭 가르치려는 듯한 진지하거나 무거운 태도일 필요는 없다. "그때 이런 일이 있었어", "이런 기분이었어"처럼 사소한 에피소드로 충분하다. 이런 이야기 하나가 후배들에게는 전혀 새로운 세계에 대한 호기심을 자극하는 계기가 될 수도 있다. 그들은 의외로 선배의 이야기를 더 듣고 싶어 하는지도 모른다.

후배들과의 거리감을 줄이고, 긍정적인 인간관계를 만들고 싶다면 삶의 경험을 가볍게 풀어내보자. 그것이 결국 우리 세대가 다음 세대를 위해 감당해야 할 책임 중 하나라고 나는 믿는다.

사랑받고 싶다면, 나와 내 주변부터 사랑하자

사랑받는 사람이 되기 위한 전제 조건은, 주변을 진심으로 아끼고 사랑하는 것이다. 그러기 위해서는 먼저 자기 자신을 긍정하고 존중하는 마음을 품어야 한다. 앞서 '호기심의 씨앗'을 발견하는 이야기에서도 언급했듯, 핵심은 자기 인식을 깊게 하고 과거의 경험을 명확히 돌아보는 데 있다.

타인의 고민을 들어주는 사람이 된다는 건 결코 쉬운 일이 아니다. 때로는 자신의 과거와 현재를 드러내야 하는 순간이 오기도 한다. 그럴 때 필요한 것은 솔직하고 정직한 자기 이해다.

자신의 과거를 되돌아볼 때는, 살던 동네나 현재 머무는 장소 혹은 주변에 있었던 작은 것들 중 하나라도 스스로 자랑스럽게 여겨보자. 작고 사소해 보여도 그 안에서 자신감을 얻을 수 있고, 자신을 긍정하는 마음이 자라기 시작할 것이다. 그렇게 자신을 받아들이게 되면, 지금까지 인연을 맺은 사람들, 앞으로 함께할 사람들을 더 소중하게 여기게 될 것이다.

기댈 줄 아는 사람은 무너지지 않는다

아무리 일이 잘 풀리고 일상이 평온해 보여도, 때로는 이유 없이 기운이 빠지고 마음이 가라앉을 때가 있다. 이럴 때 모든 것을 혼자 해결하려 들면, 걱정과 불안을 고스란히 떠안게 되고, 몸도 마음도 점점 굳어지기 쉽다. 애써 이겨내려는 마음이 오히려 나를 더 지치게 만들기도 한다.

그럴 땐 억지로 버티지 말고, '기댈 줄 아는 용기'를 꺼내보자. 혼자 감당하지 않아도 된다는 생각만으로도 마음의 부담은 한결 가벼워진다. 누군가에게 기댈 수 있다는 믿음은 우리가 흔들릴 때 그 폭을 줄여준다. 혼자서는 깊은 수렁에 빠질 수 있는 문제도, 누군가와 나누면 얕은 웅덩이 정도로 끝나게 된다. 그리고 그 정도면 충분히 빠져나올 수 있다.

　누구에게 기댈지 막막하게 느껴진다면, 우선 가까운 가족이나 친구, 직장 동료에게 사소한 고민을 털어놓자. 처음에는 가벼운 이야기를 나누며, 상대의 반응을 살펴보는 것도 좋다. 나를 진심으로 이해해주고, 성실하며 신뢰할 수 있는 사람 몇 명만 곁에 있어도 마음이 한결 든든해진다. 평소에 사랑받는 사람이 되려고 애써왔다면, 곁을 지켜주는 사람도 자연스럽게 생겼을 테니 그들을 찾는 일이 그리 어렵지만은 않을 것이다.

　직장에서는 유능한 사람일수록 자신이 잘하는 일과 부족한 부분을 잘 알고 있다. 스스로 소질이 없다고 느끼는 일은, 그 분야에 강점을 가진 동료에게 맡기자. 믿고 의지할 대상이 있다는 사실만으로도 마음의 짐은 훨씬 가벼워진다.

외로움과 짜증을 함께 털어내는 법

앞서 이야기했듯, 뇌의 노화를 앞당기는 대표적인 요인은 운동 부족과 외로움이다. 외로움은 사람을 쉽게 예민하게 만들고, 사소한 일에도 욱하게 만드는 원인이 된다. 그러니 '욱하는 노인'이 되지 않으려면, 몸과 마음을 함께 움직여야 한다.

예를 들어, 현관 청소를 하면서 범위를 조금 넓혀 집 앞이나 복도까지 정리해보자. 그 과정에서 이웃을 만나 인사도 하고, 자연스럽게 몸도 움직이게 된다. 친구를 집으로 초대해 작게나마 파티를 열어보는 것도 좋다. 메뉴를 고민하거나 평소와 다른 옷차림을 준비하는 것만으로도 뇌는 새로운 자극을 받는다.

손님을 맞기 위해 청소를 하고, 요리하면서 까치발을 드는 등 일상에서 몸을 더 움직이려고 의식하다 보면, 운동과 인간관계를 동시에 챙길 수 있다. 이렇게 사소한 순간들이 뇌에 신선한 자극을 주고, 일상에 설렘을 불어넣는다. 화가 치밀 때는 그 자리를 살짝 피하는 것도 좋다. 화장실에 들어가거나 잠시 밖으로 나가보자. 그것도 어렵다면 심호흡이라도 해보자. 감정의 폭주를 가라앉히는 데 심호흡만큼 간단하고 효과적인 방법도 드물다.

솔루션 ⑧ 정보에 끌려다니지 않는 뇌로 만들어라

호기심을 깨우고 뇌를 성장시키는 핵심 요소는 바로 '정보'다. 여기서 말하는 정보란, 눈으로 보고 귀로 듣고 몸으로 느끼는 오감 자극 전체를 의미한다. 자극이 전혀 없다면, 자신을 설레게 하는 일, 즉 호기심의 씨앗을 발견하는 것 자체가 불가능하다. 반대로 자극이 많아질수록 뇌는 더 활발해지고, 다양한 호기심이 생겨난다. 그런 점에서 인터넷과 SNS는 현대인의 호기심을 자극하는 매우 효율적인 도구다. 하지만 그만큼 큰 위험도 함께 품고 있다.

지금 우리는 인터넷과 SNS 없이는 일상생활이 어려운 시대를 살고 있다. 어린아이부터 노년에 이르기까지 스마트폰에 과도하게 의존하는 상황은 현대사회의 대표적인 문제로 떠올랐다. 인류 역사상 이토록 인간의 뇌가 디지털 정보에 몰입된 시기는 없었다. 자연과의 교감을 통해 뇌를 확장시켜왔던 인간 본연의 방식에서 완전히 벗어난 것이다.

이 디지털 중심 사회에는 우리가 어렵게 깨운 호기심을 약화시키고 뇌의 기능을 저하시킬 수 있는 함정이 숨어 있다. 이러한 함정을 피해 호기심 뇌로 만드는 법을 몇 가지 소개한다.

오감을 고루 자극하라

인터넷과 SNS를 통해 접하는 디지털 정보는 대부분 문자, 이미지, 음성, 동영상 등으로 구성되어 있다. 이처럼 제한된 형태의 자극은 주로 시각과 청각 중에서도 일부 영역에만 편중된다. 이러한 상태가 지속되면, 오감을 통해 다양하게 자극을 받아야 할 뇌가 극히 제한된 감각만을 활용하게 되는 불균형이 발생한다.

우리 뇌는 자주 사용하는 부위는 점차 강화되고, 사용하지 않는 부위는 점차 기능이 저하되는 특성이 있다. 특정 감각에 지나치게 의존하면, 상대적으로 사용되지 않는 뇌의 영역은 휴면 상태에 빠지게 되며, 결국 눈앞에 있는 정보조차 제대로 인식하지 못하는 현상이 나타날 수 있다.

그 결과, 일상에서 점점 호기심을 잃게 되고, 가족이나 친구, 직장 동료와의 대화 중에도 상대의 표정이나 감정 변화 같은 섬세한 비언어적 신호를 포착하지 못하는 일이 생긴다. 이는 소통의 단절로 이어질 수 있으며, 인간관계 전반에 영향을 미치는 문제로 확대될 가능성도 있다.

정보는 줄이고, 호기심은 남겨두어라

인터넷과 SNS에는 우리의 호기심을 자극하는 수많은 정보가 넘쳐난다. 종류도 다양하고, 양도 방대하며, 끊임없이 공급된다. 처음에는 새로운 자극으로 호기심을 일으키는 '마중물' 역할을 하던 정보들이, 어느 순간부터는 쉴 새 없이 쏟아지는 '정보의 폭우'로 변한다. 사람들은 여기에 점차 익숙해지고, 끝없는 정보 소비가 일상이 되어간다. 문제는 이 과정에서 새로운 자극에 대한 민감도, 즉 호기심의 감도마저 서서히 무뎌진다는 데 있다.

한 번쯤은 이런 경험이 있을 것이다. 특정 상품을 검색한 뒤, 전혀 다른 사이트에서 유사한 상품이 자동으로 추천되고, 본인도 모르게 클릭하거나 구매한 경우 말이다. 바로 이런 방식으로, 우리의 뇌는 디지털 자극에 길들여져 간다.

뇌는 한 번 본 정보를 기억하고, 다시 유사한 정보를 접하면 이전 정보와 비교·확인하는 과정을 무의식적으로 수행한다. 이 작업이 반복되면 해당 정보는 뇌 속에서 '경험 기억'으로 자리 잡고, 익숙함을 느낀 뇌는 그 정보를 더 쉽게 선택한다. 이러한 메커니즘은 단순한 충동 구매에 그치지 않고, 인터넷 중독 전반의 구조와도 맞닿아 있다. 그래서 우리는 정보의 양뿐 아니라, 정보에 어떻게 반응하고 익숙해지는가를 늘 경계해야 한다.

뇌를 리셋할 시간을 확보하라

한번 인터넷이나 게임에 중독되면, '그만하고 싶은데 멈출 수 없는' 상태가 반복된다. 우리 뇌는 어떤 대상에 몰입하게 되면, 그와 관련된 호기심을 충족하는 것을 최우선 과제로 삼는다. 그러는 동안 다른 모든 일은 중요하지 않다고 판단하며, 심한 경우 식사나 수면까지 미루게 된다. 많은 사람이 실제로 겪는 현상이다.

스마트폰에 깊이 빠져 있을 때 뇌는 각성 수준이 떨어지고 전체적인 기능이 저하된 상태에 놓인다. 이 상태를 보완하기 위해 뇌는 강한 자극을 유발하는 아드레날린과 도파민을 분비한다. 뇌가 이런 자극에 익숙해지면, 점점 호기심보다는 강한 자극 자체를 갈망하게 되고, 결국 스마트폰을 손에서 놓는 것이 점점 어려워진다.

가장 큰 문제는 수면의 질과 양이 급격히 떨어진다는 점이다. 앞서 설명했듯, 우리 몸의 생체 리듬은 수면과 각성 사이에서 균형을 이루며 뇌를 자연스럽게 '리셋'한다. 그러나 밤늦게까지 스마트폰을 보며 인터넷을 하거나 게임에 몰입하면, 뇌는 리셋할 기회를 잃게 된다. 기기에는 자동 종료 기능이 없기 때문에, 사용자가 멈추지 않으면 뇌는 쉬지 못한 채 자극을 계속 받아들이기 때문이다. 그 결과, 뇌 속에는 정리되지 않은 정보와 자극이 '캐시 메모리'처럼 끝없이 쌓이게 된다.

스스로의 힘으로 선택하라

뇌가 스스로를 리셋하지 못하는 상태가 지속되면, 점차 인터넷과 디지털 기기에 의존하는 습관이 굳어지게 된다. 여기서 말하는 '의존'은 단순한 습관을 넘어, 자신의 행동을 스스로 통제하지 못하는 상태를 뜻한다.

의존의 형태는 사람마다 다르지만, 쇼핑·도박·게임처럼 반복적인 자극과 보상을 수반하는 행위들이 대표적이다. 그중에서도 오늘날 가장 보편적이고 강력한 의존 대상은 인터넷과 SNS다. 손에 스마트폰이 없으면 불안하거나, 의미 없이 화면을 계속 넘기고 있는 자신을 발견했다면, 이미 뇌는 어느 정도 의존 패턴에 익숙해진 상태일 가능성이 크다.

이처럼 무심코 반복되는 사용은 단순한 편의를 넘어서, 뇌의 선택과 감정 반응, 집중력마저 외부 자극에 끌려가는 구조로 변화시킨다. 의존은 자율적 사고력을 떨어뜨리고, 결국 주도적인 삶을 방해하는 강력한 내적 장애물이 된다.

기억하고 계산하는 습관을 되살려라

현대 사회에서 스마트폰과 컴퓨터는 단순한 통신 수단이나 정보 검색 도구를 넘어, 우리 뇌의 기억 기능까지 대신하는 장치로 자리 잡았다. 과거에는 자주 통화하는 사람의 전화번호를 외우거나, 모르는 단어를 사전에서 찾아야 했고, 간단한 계산도 손으로 적거나 구구단을 외워야 했다. 하지만 이제는 이 모든 작업을 스마트폰이나 컴퓨터가 대신한다.

그 결과, 우리의 뇌는 점점 기억하고 계산하려는 시도를 줄이고, 기계에 맡기는 방향으로 스스로를 '게으르게' 만드는 선택을 하고 있다. 이러한 반복은 습관이 되고, 결국 뇌의 활발한 작동과 자율적 사고력마저 위축시킨다. 편리함이라는 이름으로 넘겨준 작은 기능 하나하나가, 어느새 뇌를 무기력하게 만들고 있는지도 모른다.

작은 화면에서 눈을 떼라

당신이 스마트폰을 가장 자주 보는 시간은 언제인가? 그 시간 중, 뚜렷한 목적을 갖고 사용하는 시간은 얼마나 될까? 많은 사람이 특별한 목적 없이, 단지 무료함을 달래거나 게임·SNS 등으로 시간을 보내기 위해 스마트폰을 사용하는 경우가 많다.

하지만 이렇게 스마트폰을 사용하는 방식은, 뇌가 본래 지닌 호기심을 싹틔우는 데 도움이 되지 않는다. 기적처럼 우연히 호기심의 씨앗을 발견할 수도 있겠지만, 그런 희박한 가능성에 기대기에는 위험이 크다.

또한 스마트폰을 무의식적으로 사용한다는 건, 항상 작은 화면을 통해 문자와 사진을 반복적으로 소비한다는 뜻이다. 이 역시 뇌에 좋지 않은 영향을 준다. TV 화면이나 영화관 스크린처럼 화면이 클수록 사람의 안구는 상하좌우로 자연스럽게 움직이며 정보를 탐색하게 된다. 이 과정에서 시각 자극은 다양해지고, 뇌 활동도 활발해진다. 하지만 스마트폰 화면은 너무 작아 눈동자를 거의 움직이지 않고도 정보를 소비할 수 있다. 뇌의 자극이 현저히 떨어질 수밖에 없다.

거듭 강조하지만, '스마트폰 뇌' 상태에서는 호기심이 자라기 어렵고, 지금까지 쌓아온 인지 능력조차 무뎌질 수 있다. 스마트폰은 어디까지나 도구일 뿐이라는 사실을 잊지 말자. 도구에 주도권을 넘겨줄 때, 우리는 점점 생각하지 않게 된다.

정보를 받기 전에 뇌를 비워라

인터넷과 SNS를 통해 수많은 정보를 접하는 지금, 우리는 '언제', '어떤' 정보를 받아들일 것인지에 대한 자기만의 기준과 원칙을 세울 필요가 있다. 특히, 자신에게 정말 필요한 정보를 골라내고, 호기심을 제대로 활용하기 위해서는 하루에 한 번쯤은 뇌를 리셋하는 시간이 꼭 필요하다.

그 방식은 거창하지 않아도 된다. 반려동물과 산책하거나, 커피를 천천히 마시거나, 잠시 눈을 감고 명상하는 것도 좋다. 특히 살아 있는 생명과 교감하는 시간은 뇌를 리셋하는 데 매우 효과적이다. 나는 반려견을 키우고 있는데, 그 아이는 언제나 호기심 가득한 눈빛으로 나를 대한다. 그 모습 덕분에 나 역시 다시 호기심을 회복하게 된다.

문제는 우리가 들어오는 정보를 아무 필터 없이 받아들이고, 곧바로 흘려보내는 행동을 반복할 때 발생한다. 앞서 말했듯, 이런 태도는 호기심의 감도를 둔하게 만들고 뇌의 판단 능력을 흐리게 한다. 겉보기에는 이성적인 선택 같지만, 실제로는 감정에 휩쓸린 반응일 수 있다.

정보를 받아들이기 전에 잠깐 멈추고, 내 뇌를 리셋할 수 있다면, 지금 내가 선택하려는 것이 정말 '필요한 것'인지 구분할 수 있게 된다. 그렇게 될 때, 자신이 원하는 방향도 훨씬 선명하게 보인다.

정보의 파도에 휩쓸리기 전에, 자신을 붙잡아줄 작은 루틴 하나가 절실한 이유다.

호기심이 택한 일은
힘들어도 즐겁다

결과보다 중요한 건 '내가 선택했다'는 감각

하나의 정보가 계기가 되어 내 안의 호기심이 깨어날 때, 우리는 그 호기심을 충족시키기 위해 다양한 경험을 시도하게 된다. 이 경험은 다시 새로운 자극이 되어 또 다른 호기심을 일으키고, 그렇게 경험이 늘어날수록 호기심도 함께 자라난다. 이것이 바로 호기심의 선순환 구조다.

하지만 현실적으로 생겨나는 모든 호기심을 다 실현할 수는 없다. 지금의 나에게 정말 가치 있는 호기심인지, 실행에 옮길 만한 의미가 있는지에 대한 판단이 필요하다. 때로는 많은 노력과 희생을 감수하고도 '해보길 잘했다'는 결론에 이르지 못할 수도 있다. 실망하거나 자존감이 흔들릴 수도 있다.

그러나 이럴 때 중요한 건, 어떤 호기심을 키울 것인지 스스로 선택했는가, 그리고 그것을 자기만의 방식으로 실행해 봤는가다. 설령 결과가 기대에 미치지 않았더라도, 스스로 선택하고 시도했다는 사실만으로도 자부심을 가질 수 있다. 그런 자부심은 긍정적인 사고를 가능하게 하고, 다시 도전할 수 있는 자신감을 준다.

실패로 새로운 호기심이 싹튼다

40대 후반이 되면 인생 경험이 쌓였다고 느끼기 쉽다. 그럼에도 여전히 실수하거나 잘못된 선택을 반복하는 자신을 보게 된다. 하지만 그런 자신을 너무 나무라지 않아도 된다. 실패 자체가 새로운 호기심의 씨앗이 되는 경우도 많기 때문이다.

실패는 뇌를 다시 깨우는 자극이 된다. "왜 그렇게 되었을까?", "다시 시도하면 어떻게 될까?"라는 질문이 바로 또 다른 호기심을 불러일으킨다. 이처럼 실패는 마냥 부정적인 것이 아니라, 다음 단계로 나아가기 위한 출발점이 될 수 있다. 100세 시대를 살아가는 우리에게는 아직 많은 가능성이 있다. 그러니 실패를 두려워하지 말고, 그 안에서 다시 피어나는 호기심을 붙잡자.

　2장에서는 호기심의 씨앗을 발견하고, 그것을 어떻게 키워나갈 수 있을지에 대해 살펴보았다. 그리고 디지털 시대에 무뎌진 뇌를 어떻게 리부팅하고, 다시 깨어나게 할 수 있을지도 함께 다뤘다. 호기심은 소중히 다룰수록 새로운 형태로 또다시 태어나기 마련이다. 실천하는 만큼, 호기심은 더 자라고, 그만큼 삶의 방향도 또렷해질 것이다.

　이제 3장으로 넘어가 보자. 다음 장에서는 내가 직접 개발하고 실천 중인 개념인 '뇌 섹터'를 기반으로, 45세 이후 뇌를 성장시키기 위해 어떤 호기심을 우선으로 길러야 하는지, 그리고 그것을 어떻게 키워나갈 수 있는지를 구체적으로 안내할 예정이다.

뇌를 늙게 만드는 일상 속 습관

뇌가 점점 쇠약해지는 데는 오랜 시간에 걸쳐 무심코 반복해온 나쁜 습관들이 큰 영향을 미친다. 습관이란 하루하루의 행동이 쌓여 만들어지는 것이기에, 그 영향력은 천천히 그러나 분명하게 누적된다. 특히 나쁜 습관일수록 본인은 그 해로움을 자각하기 어렵다는 것이 문제다. 혹시 아래의 내용이 자신에게 해당된다면, 이번 기회를 계기로 그 습관을 점검하고 바꾸어보자. 작은 변화가 뇌 건강을 지키는 첫걸음이 된다.

뇌에 나쁜 습관 ①
휴일을 멍하니 잠으로 흘려 보낸다

직장인이나 학생에게 휴일은 신체와 정신을 회복하고, 감정을 환기할 수 있는 소중한 시간이다. 그러나 하루 종일 침대에서 뒹굴며 무의미하게 시간을 보내는 것은 뇌 입장에서는 아무 자극도 없는 시간일 뿐만 아니라 오히려 활력을 떨어뜨릴 수 있다.

　뇌가 바라는 이상적인 휴일은, 평소와는 다른 자극을 주는 시간이다. 예를 들어, 책상 앞에 앉아 머리를 많이 쓰는 일을 하는 사람이라면 산책을 하거나 음악을 들으며 몸을 움직여보자. 반대로 평소 육체노동이 많은 사람은 독서나 영화 감상처럼 정적인 활동을 통해 뇌에 휴식을 주는 것도 좋다. 또한 평소 만나지 못한 가족이나 친구, 이웃과 함께 식사하고 대화를 나누는 것도 매우 효과적이다. 이런 시간은 호기심을 자극하고, 감정적으로 풍부한 기억을 남기며, 기억력 향상에도 도움을 준다.

뇌에 나쁜 습관 ②
스마트폰을 들고 침실로 간다

잠들기 전, 침대에서 스마트폰으로 SNS를 확인하거나 동영상을 시청하는 사람이 많다. 하지만 이는 뇌의 회복과 리셋을 방해하는 대표적인 나쁜 습관이다.

앞서 설명했듯, 스마트폰 화면에서 나오는 밝은 조명은 수면 호르몬인 멜라토닌 분비를 억제한다. 이는 잠드는 시간을 늦추고, 숙면의 질을 떨어뜨리며, 결과적으로 뇌의 회복력을 약화시킨다. 게다가 한번 스마트폰을 보기 시작하면 계속 손에 쥐게 되고, 그로 인해 자는 시간이 더 늦어지는 악순환이 이어진다.

숙면은 뇌의 정화와 정리, 감정 회복에 있어 절대적인 요소다. 침실로 들어가기 30분~1시간 전부터는 스마트폰을 손에서 내려놓자. 특히 스마트폰은 잠자리 근처에 두지 말고, 아예 다른 방에 두는 습관을 들이는 것이 좋다.

뇌에 나쁜 습관 ③
식사 시간이 불규칙하다

뇌에게 식사 시간은 단순한 '배를 채우는 시간'이 아니라, 생체 리듬과 에너지 균형을 유지하기 위한 중요한 기준점이다. 식사 시간이 일정하지 않으면 일주기 리듬이 흐트러지고, 그 여파로 뇌의 각성과 회복 능력에도 영향을 미친다. 요즘은 아침 식사를 거르는 사람이 많고, 그에 대한 다양한 의견이 있다. 실제로 아침을 거르면서 오히려 머리가 맑아진 다고 말하는 사람도 있다. 그런 경우라면 굳이 무리하게 세 끼를 다 챙겨 먹을 필요는 없다.

중요한 것은 식사 횟수가 아니라, 리듬이 있다는 점이다. 뇌의 에너지원인 포도당은 일정한 간격으로 공급되어야 한 다. 식사와 식사 사이의 간격이 너무 길어지면 혈당이 떨어 지고, 뇌는 쉽게 피로해지고 기능이 둔해진다. 하루 세 끼가 아니더라도, 자신에게 맞는 규칙적인 식사 시간을 찾고 유 지하는 것이 뇌 건강을 지키는 실질적인 방법이다.

뇌에 나쁜 습관 ④
과식하거나 과음한다

식사 시간뿐 아니라 식사량과 음주 정도 역시 뇌 건강에 결 정적인 영향을 미친다. 배가 약간 고픈 상태일 때 일이나 공 부가 더 잘된 경험이 있을 것이다. 반대로, 과식이나 과음으 로 배가 부른 상태에서는 뇌로 가는 혈류가 줄어들어 집중 력이 떨어지고, 쉽게 짜증이 나거나 산만해지는 경우가 많 다. 결과적으로 뇌의 기능이 전반적으로 저하된다.

특히 단 음식을 지나치게 많이 먹는 것은 뇌에 해롭다. 설 탕을 섭취하면 뇌에서는 도파민이 분비된다. 도파민은 의욕을 높이고 행복감을 주는 중요한 호르몬이지만, 과도하게 분비될 경우 뇌가 자극에 중독되기 쉽고, 점점 더 강한 자극을 원하게 된다.

단, 설탕이 무조건 나쁜 것은 아니다. 장시간 반복 작업 후 사탕 한 알로 기분 전환을 하는 것처럼, 맥락에 맞춰 적절히 활용한다면 뇌의 이완과 리프레시에도 도움이 된다. 핵심은 양보다 '타이밍'과 '용도'다.

뇌에 나쁜 습관 ⑤
입을 벌리고 호흡한다

호흡은 단순히 숨을 들이마시고 내쉬는 행위가 아니다. 인간의 생명을 유지하는 가장 근본적인 기능이며, 뇌 건강과 직결되는 생리 작용이다. 앞서 언급했듯, 구강호흡(입으로 숨 쉬기)은 비강호흡(코로 숨 쉬기)에 비해 산소 흡수 효율이 떨어지고, 이산화탄소 배출은 오히려 많아진다. 그 결과 뇌에 전달되는 산소가 줄어들고, 뇌와 함께 전신의 균형이 무너질 수 있다.

여기에 장시간 마스크 착용까지 더해지면, 뇌는 더욱 저산소 상태에 가까워질 수 있다. 그래서 최근에는 입에 테이프를 붙이고 자는 '입다물기 수면법'까지 시도하는 사람들이 생겼다. 하지만 이 방법은 비강 호흡이 원활하지 않은 사람에게는 오히려 위험할 수 있다. 비중격이 휘어 있거나, 코안의 점막이 비대해져 숨쉬기 어렵다면 입으로 숨 쉴 수밖에 없는 상태이기 때문이다.

먼저, 스스로 코로 숨 쉬는 데 불편함은 없는지 자각해보자. 입을 다문 상태로 90초 이상 숨을 편안히 쉴 수 있는가? 한쪽 콧구멍을 막고 다른 쪽 코로 숨 쉬었을 때 숨이 막히지는 않는가? 만약 불편함이 있다면, 무리한 교정 시도보다 먼저 이비인후과 전문의의 진단을 받아보는 것이 바람직하다. 비강 호흡은 뇌를 깨우는 첫 번째 단계지만, '내 코가 건강하게 기능하고 있는가'를 먼저 살펴야 한다.

뇌는 쓰는 만큼 달라진다:
8개 섹터별 호기심 훈련법

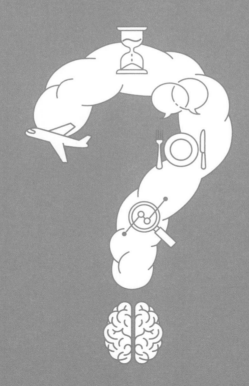

호기심을 키우는 뇌,
8개의 섹터를 깨워라

뇌에도 주소가 있다, '섹터'로 구획하라

앞서 우리는 호기심과 뇌의 관계, 그리고 호기심 뇌를 어떻게 키우고 활용할 수 있는지를 살펴보았다. 이제부터는 시선을 조금 달리해, 내가 주장하는 개념인 '뇌 섹터'를 바탕으로, 호기심 뇌를 보다 체계적으로 기르고 사용하는 방법에 대해 이야기하고자 한다.

1장에서 살펴본 것처럼, 인간의 뇌는 사람마다 구조적·기능적 개성이 존재한다. 그리고 그 차이를 이해하는 데 결정적인 실마리가 되는 것이 바로 이 뇌 섹터라는 개념이다. 뇌는 수많은 신경세포 집단이 모여 있는 조직이며, 이 집단들은 각기 다른 기능을 담당한다. 특정 능력을 관장하는 세포끼리 모여 하나의 기능 단위를 이루고, 이러한 단위들이 뇌 속에 서로 다른 영역(섹터)으로 존재한다.

예를 들면, 도쿄 아사쿠사의 갓파바시 주방용품 거리나 츠키지 수산시장을 떠올려보자. 비슷한 물건을 다루는 가게들이 한 골목에 모여 있듯, 뇌도 비슷한 기능을 가진 신경세포들이 모여 하나의 섹터를 이룬다.

나는 이처럼 뇌 속의 기능별 구획을 '주소 개념'으로 치환해 '뇌 섹터'라 부른다. 이제부터 그 섹터들이 어떤 역할을 하고, 어떻게 자극하고 활용해야 하는지를 구체적으로 살펴볼 것이다.

생각하고 느끼고 연결하라, 당신의 뇌는 8섹터로 작동한다

'뇌 섹터Brain Sector'는 유사한 기능을 수행하는 신경세포 집단이 모여 형성된 뇌의 특정 기능 영역을 의미한다. 이러한 기능 영역은 뇌의 해부학적 구조와 신경생리학적 활동을 기준으로 구분할 수 있으며, 대뇌 피질에만도 약 50~60여 개의 대표적인 기능 영역이 존재하는 것으로 알려져 있다. 좌우

8개의 뇌 섹터와 기능

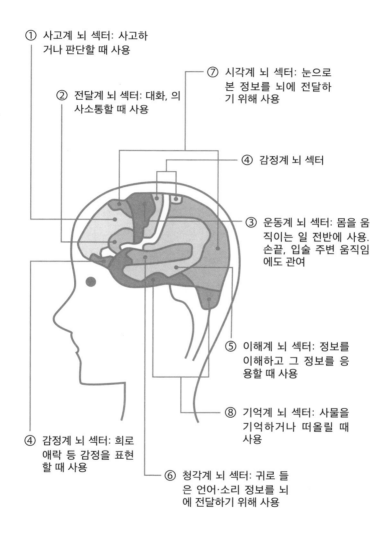

① 사고계 뇌 섹터: 사고하거나 판단할 때 사용

② 전달계 뇌 섹터: 대화, 의사소통할 때 사용

⑦ 시각계 뇌 섹터: 눈으로 본 정보를 뇌에 전달하기 위해 사용

④ 감정계 뇌 섹터

③ 운동계 뇌 섹터: 몸을 움직이는 일 전반에 사용. 손끝, 입술 주변 움직임에도 관여

⑤ 이해계 뇌 섹터: 정보를 이해하고 그 정보를 응용할 때 사용

⑧ 기억계 뇌 섹터: 사물을 기억하거나 떠올릴 때 사용

④ 감정계 뇌 섹터: 희로애락 등 감정을 표현할 때 사용

⑥ 청각계 뇌 섹터: 귀로 들은 언어·소리 정보를 뇌에 전달하기 위해 사용

3장 뇌는 쓰는 만큼 달라진다: 8개 섹터별 호기심 훈련법

대뇌반구 전체로 확장해보면, 뇌에는 100개 이상의 주요 기능 단위가 존재한다고 볼 수 있다. 즉, 인간의 뇌는 세분화된 인지·운동·감각·정서 기능을 수행할 수 있도록 최소 100여 가지 이상의 영역으로 구조화되어 있다는 뜻이다.

이 모든 기능을 다 알 필요는 없다. 다만 일상에서 자주 활용되며, 호기심을 정리하고 뇌를 성장시키는 데 결정적인 역할을 하는 8개의 핵심 섹터는 심도 있게 이해할 필요가 있다. 바로 생각, 전달, 움직임, 감정, 이해, 청각, 시각, 기억을 관장하는 8개의 뇌 섹터다.

책 서두에서 언급했듯, 같은 기능이라도 좌뇌와 우뇌가 다르게 작동한다. 예를 들어, 감정 섹터조차 좌뇌와 우뇌에서 전혀 다른 방식으로 반응한다. 하지만 이 책에서는 굳이 좌우의 차이를 복잡하게 구분하지 않고, 핵심 기능 단위 중심으로 설명할 예정이다.

이 8개의 섹터를 인식하고 관리하는 일은 호기심을 선별하고 방향을 정하는 데 매우 효과적일 뿐 아니라, 뇌의 장기적 성장을 유도하는 데에도 중요하다. 뇌는 '섹터 단위'로 성장하기 때문이다. 우리 뇌는 성장 단계와 연령에 따라 특정 섹터가 먼저 발달하고, 이후 다른 섹터가 차례차례 자극되며 확장된다.

예를 들어, 신생아는 먼저 운동 섹터가, 이후 시각·청각 섹터, 그리고 점차 의사소통 섹터가 발달하는 흐름을 보인다. 성인의 뇌는 30세 전후에 구조적으로 완성되지만, 이후부터는 개별 섹터의 응용력과 통합력이 더욱 중요해진다. 자주 사용되는 섹터는 평생 계속 자극되고 성장하지만, 거의 쓰이지 않는 섹터는 점차 휴면 상태에 들어가거나 퇴화하게 된다. 이것이 바로 뇌를 능동적으로 관리해야 하는 이유다.

손상된 뇌도 다시 자란다

뇌는 병이 들거나 손상되었다고 해서 완전히 망가지는 장기는 아니다. MRI 영상 등을 통해 살펴보면, 일부가 손상되었더라도 나머지 영역은 건강하게 남아 있는 경우가 대부분이다.

뇌는 기능별로 분화된 섹터(뇌 섹터)를 중심으로 성장하고 작동한다. 따라서 특정 뇌 섹터가 질병이나 외상으로 인해 제 기능을 하지 못하더라도, 다른 섹터를 꾸준히 자극하고 활성화하면, 뇌는 점진적으로 새로운 경로를 형성하고 기능을 회복할 가능성을 만들어낸다.

실제로 운동기능이나 언어능력을 잃었던 사람이, 뇌의 다른 섹터를 통해 부분적으로 그 기능을 회복한 사례도 많다.

이처럼 뇌는 회복을 위한 유연성과 성장성을 동시에 가진 장기다. 나는 바로 이 점이 뇌가 가진 가장 놀라운 능력이자, 누구에게나 열려 있는 희망의 가능성이라고 믿는다.

몸을 움직이면
뇌의 연결이 시작된다

뇌 섹터에도 휴식과 순환이 필요하다

뇌는 사람마다 자주 사용하는 영역(섹터)과 거의 사용하지 않는 영역이 뚜렷하게 나뉜다. 그 패턴은 개인의 직업, 생활 습관, 성격, 취향에 따라 다르게 형성된다. 즉, 지금 여러분의 뇌에는 과사용 섹터와 미사용 섹터가 공존하고 있으며, 그 구성은 지금까지 살아온 삶의 방식과 밀접하게 연결되어 있다.

예를 들어, 고객 전화를 자주 받는 업무를 하는 사람은 타인의 말을 듣고 대응하는 일이 많기 때문에, 청각 섹터와 의

사소통 섹터를 집중적으로 사용하게 된다. 반면, 상대적으로 시각·운동 관련 섹터는 거의 자극받지 못하는 미사용 상태로 남을 수 있다.

반대로, 조용히 컴퓨터 앞에 앉아 데이터를 처리하는 업무를 주로 하는 사람은 시각, 손끝 운동, 반복 인지와 관련된 섹터는 많이 쓰게 되지만, 다리 움직임(운동 섹터)이나 대화, 감정 조율(전달·감정 섹터)은 상대적으로 덜 활성화된다.

성격에서도 이런 편차가 나타난다. 신중하고 분석적인 사람은 사고 섹터, 감정 표현이 거친 사람은 오히려 감정 섹터의 활용이 미숙한 상태일 가능성이 높다.

취향도 마찬가지다. 그림 그리기를 좋아하는 사람은 시각 섹터, 음악을 즐겨 듣는 사람은 청각 섹터를 자주 자극한다. 이처럼 자신의 뇌가 어떤 섹터는 과하게 쓰이고, 어떤 섹터는 거의 방치돼 있는지 인식하는 것은 앞으로 뇌의 성장 방향과 자극 전략을 설정하는 데 매우 중요한 기준이 된다.

다만 주의할 점이 있다. 어떤 뇌 섹터가 자주 사용된다고 해서 반드시 계속 성장하는 것은 아니다. 자극의 '빈도'가 아니라 '질'과 '회복의 균형'이 성장 여부를 좌우한다. 자극이 단조롭거나 과도하게 반복되고, 회복 없이 누적되면 그 섹터는 점차 피로해지고, 오히려 기능이 저하될 수 있다.

몸을 움직이면 뇌도 함께 깨어난다

2장에서 운동 부족이 뇌에 치명적인 영향을 준다고 말한 바 있다. 이번에는 이를 뇌 섹터 관점에서 설명해보자.

뇌는 영역별로 기능이 나뉘어 있고, 각 섹터는 서로 긴밀히 연결되어 있다. 다시 한번 앞의 뇌 섹터 그림을 보자. 예를 들어, 운동 섹터와 시각 섹터 사이에는 이해 섹터가 위치해 있다. 즉, 몸을 움직이면 운동 섹터가 자극받고, 그 자극은 인접한 이해 섹터를 자연스럽게 활성화시킨다. 하지만 장시간 책상에 앉아 컴퓨터나 스마트폰만 들여다보는 생활을 계속하면, 다리와 허리는 물론 눈동자도 거의 움직이지 않게 된다. 그 결과, 운동 섹터와 시각 섹터가 둔해지고, 이해 섹터 역시 연동되지 않으면서 이해력까지 떨어진다. 이해력이 낮아지면 사고 섹터가 제대로 작동하지 않게 되고, 감각 자극이 줄면 감정 섹터도 무뎌지며, 이 감정 섹터에 인접한 기억 섹터의 기능까지 약화된다.

이처럼 하나의 섹터가 멈추면 연쇄적으로 여러 섹터가 함께 무력해진다. 따라서 뇌를 활성화하려면 가장 먼저 운동 섹터부터 자극해야 한다. 단 몇 분이라도 몸을 움직이는 습관이 뇌 전체의 회로를 다시 작동시키는 열쇠가 된다.

스스로 켜는 뇌의 스위치, 그 시작은 호기심

'운동이 중요하다'는 말에 대부분 고개를 끄덕이지만, 정작 실천하지 못하는 사람이 많다. 이런 경우, 그들의 뇌를 관찰해보면 좌뇌의 사고 섹터가 충분히 발달하지 않아서일 가능성이 크다. 사고 섹터는 운동 섹터에 지령을 내려 행동을 결정하는 뇌의 실행 회로에 해당하며, '할 것인가, 말 것인가'를 판단하는 스위치 기능을 담당한다. 이 스위치가 제대로 작동하지 않으면, 머리로는 해야 한다고 알지만 행동으로 이어지지 않는다.

여기서 중요한 포인트는, 우뇌의 감정 충동에 따라 스위치를 켜고 끄는 것이 아니라, 좌뇌 기반의 호기심과 목적 의식에 따라 스스로 전환할 수 있어야 한다는 점이다.

이런 자기 전환 능력이 발달한 사람은 자기 인식이 명확하다. 지금 무엇을 하려는지, 무엇을 마무리해야 하는지를 구체적이고 분명하게 인식한다. 반대로 목적이 불분명하면, 뇌는 어느 섹터를 작동시켜야 할지 판단하지 못하고 멈춰버린다. 그리고 이 상태가 반복되면, '해보고 싶은 마음' 즉, 호기심 자체가 점차 사라지게 된다. 호기심이 줄어들면 뇌에서 사용되지 않는 섹터가 늘어나고, 특히 노화가 시작되면 신체 기능 저하와 맞물려 이 현상은 더욱 두드러진다.

귀와 눈의 기능이 떨어지고, 움직임조차 귀찮아지면 운동·시각·청각 섹터가 먼저 약화되고, 이어서 언어 이해와 관련된 이해 섹터, 감정·공감과 관련된 감정 섹터, 그리고 분별력과 억제력을 관장하는 사고 섹터까지 기능 저하가 이어진다. 이러한 연결 고리 속에서 쉽게 화를 내고 짜증을 내는 '욱하는 노인'이 만들어지는 것이다.

하지만 반대로, 사랑받는 시니어가 되고 싶은 마음, 그것 또한 호기심의 발현이다. 호기심은 뇌를 다시 작동시키고, 삶 전반의 활기를 이끄는 에너지다. 그러니 스스로를 자극하는 사람과 활동을 찾아야 한다. 그 방법은 이미 2장에서 충분히 소개했다. 이제는 그 호기심을 작동시킬 '스위치'를 직접 켜는 일만 남았다.

잠든 뇌를 다시 깨우는
8개 분야 호기심 자극법

나도 몰랐던 내 뇌, 호기심 점검표

지금 당신은 무엇에 호기심을 느끼고 있는가? 그리고 그 호기심이 어느 뇌 섹터를 성장시키고, 어디를 소외시키고 있다고 생각하는가? 이를 점검하기 위해 '뇌 섹터별 호기심 레벨 체크리스트'를 준비했다.

이 도구는 당신의 호기심 수준을 수치로 시각화할 수 있도록 구성되어 있으며, 현재의 나와 호기심이 가장 왕성했던 시기의 나를 비교하는 방식으로 활용한다(초등학생 시절이든, 사회 초년생이든 시기는 자유롭게 선택해도 좋다).

이를 통해 확인할 수 있는 핵심 포인트는 이렇다.

① 지금의 내가 예전보다 얼마나 호기심을 잃었는지
② 어떤 뇌 섹터는 발달하고, 어떤 섹터는 사용하지 않아 약
　 화되었는지

현재의 나와 과거의 나를 비교해보면, 어린 시절보다 호기심이 얼마나 줄었는지 뇌 섹터별 점수로 분명히 알 수 있다. 이 사실을 뇌에 각인하듯 인식해야 한다.

또한 체크리스트를 통해 뇌 섹터별로 호기심의 강약 차이도 확인할 수 있다. 점수가 높은 섹터는 비교적 활발하게 사용되고 있는 영역이며, 점수가 낮은 섹터는 상대적으로 기능이 약화되거나 거의 사용되지 않는 미사용 영역이다.

➡ 체크 방법은 다음과 같다.

1) 항목별로 현재의 나와 과거의 나를 떠올린다.
2) 각 문항에 대해 이렇게 표기한다.
　- 해당함 ○ = 2점
　- 대체로 해당함 △ = 1점
　- 해당하지 않음 × = 0점
3) 8개의 뇌 섹터별로 점수를 합산해 각각 6점 만점으로 소계 계산
4) 현재와 과거 전체 점수를 합산하여 총 48점 만점 기준으로 비교

과거와 현재, 당신의 호기심 레벨은?

뇌 섹터별·호기심 레벨 체크

	뇌 섹터	질문	현재의 나	소계	호기심 최대 자아	소계
1	사고계 뇌 섹터 (생각하기)	새로운 아이디어나 기획을 구상할 때 설렌다.	○ △ ×	/6	○ △ ×	/6
		많은 정보를 체계화하는 데 자신이 있다.	○ △ ×		○ △ ×	
		실행보다 사고와 구상을 더 즐긴다.	○ △ ×		○ △ ×	
2	전달계 뇌 섹터 (전달하기)	글을 쓰거나 설명하는 활동이 즐겁다.	○ △ ×	/6	○ △ ×	/6
		사람들 앞에서 말하고 발표하는 데 능숙하다.	○ △ ×		○ △ ×	
		친구나 동료와 만나는 시간이 즐겁다.	○ △ ×		○ △ ×	
3	운동계 뇌 섹터 (움직이기)	만들기, 조립, 손을 쓰는 정밀 작업을 좋아한다.	○ △ ×	/6	○ △ ×	/6
		파티나 행사에 가벼운 마음으로 참여한다.	○ △ ×		○ △ ×	
		자주 움직이고, 잘 돌아다닌다.	○ △ ×		○ △ ×	
4	감정계 뇌 섹터 (느끼기)	아침마다 할 일을 상상하면 기분이 좋아진다.	○ △ ×	/6	○ △ ×	/6
		'감정 표현이 풍부하다'는 말을 자주 듣는다.	○ △ ×		○ △ ×	
		요즘 해보고 싶은 일이 분명히 있다.	○ △ ×		○ △ ×	
5	이해계 뇌 섹터 (이해하기)	주변 분위기나 사람의 기분을 잘 읽는 편이다.	○ △ ×	/6	○ △ ×	/6
		새로운 정보나 기술에 빠르게 적응한다.	○ △ ×		○ △ ×	
		방이나 책상 정리를 잘하거나 자주 한다.	○ △ ×		○ △ ×	
6	청각계 뇌 섹터 (듣기)	주변에서 고민 상담을 자주 요청받는다.	○ △ ×	/6	○ △ ×	/6
		일상적으로 음악을 즐겨 듣는다.	○ △ ×		○ △ ×	
		타인의 말을 잘 기억하고 반영하려 한다.	○ △ ×		○ △ ×	
7	시각계 뇌 섹터 (보기)	가족이나 지인의 변화에 민감하게 반응한다.	○ △ ×	/6	○ △ ×	/6
		풍경이나 인물 사진을 자주 찍는다.	○ △ ×		○ △ ×	
		봤던 것을 구체적으로 기억하고 재현한다.	○ △ ×		○ △ ×	
8	기억계 뇌 섹터 (기억하기)	가족이나 친구의 생일을 잘 기억한다.	○ △ ×	/6	○ △ ×	/6
		특정 분야에 대해 잘 알고, 설명할 수 있다.	○ △ ×		○ △ ×	
		어릴 적 기억이 자주 떠오르고 생생하다.	○ △ ×		○ △ ×	
	당신의 호기심 레벨은?		현재 합계		과거 합계	

호기심의 뇌과학

196

• 예시

	뇌 섹터	질문	현재의 나	소계	호기심 최대 자아	소계
1	사고계 뇌 섹터 (생각하기)	새로운 아이디어나 기획을 구상할 때 설렌다.	○ (△) ×		◎ △ ×	
		많은 정보를 체계화하는 데 자신이 있다.	○ △ (×)	3/6	◎ △ ×	5/6
		실행보다 사고와 구상을 더 즐긴다.	◎ △ ×		○ (△) ×	
2	전달계 뇌 섹터 (전달하기)	글을 쓰거나 설명하는 활동이 즐겁다.	○ (△) ×		○ △ (×)	
		사람들 앞에서 말하고 발표하는 데 능숙하다.	○ (△) ×	3/6	◎ △ ×	4/6
		친구나 동료와 만나는 시간이 즐겁다.	○ (△) ×		◎ △ ×	
3	운동계 뇌 섹터 (움직이기)	만들기, 조립, 손을 쓰는 정밀 작업을 좋아한다.	◎ △ ×		◎ △ ×	
		파티나 행사에 가벼운 마음으로 참여한다.	○ △ (×)	3/6	○ (△) ×	5/6
		자주 움직이고, 잘 돌아다닌다.	○ (△) ×		◎ △ ×	
4	감정계 뇌 섹터 (느끼기)	아침마다 할 일을 상상하면 기분이 좋아진다.	○ △ (×)		◎ △ ×	
		'감정 표현이 풍부하다'는 말을 자주 듣는다.	◎ △ ×	3/6	○ (△) ×	5/6
		요즘 해보고 싶은 일이 분명히 있다.	○ (△) ×		◎ △ ×	
5	이해계 뇌 섹터 (이해하기)	주변 분위기나 사람의 기분을 잘 읽는 편이다.	○ △ (×)		◎ △ ×	
		새로운 정보나 기술에 빠르게 적응한다.	○ (△) ×	3/6	◎ △ ×	6/6
		방이나 책상 정리를 잘하거나 자주 한다.	◎ △ ×		◎ △ ×	
6	청각계 뇌 섹터 (듣기)	주변에서 고민 상담을 자주 요청받는다.	○ (△) ×		○ (△) ×	
		일상적으로 음악을 즐겨 듣는다.	○ (△) ×	4/6	○ (△) ×	3/6
		타인의 말을 잘 기억하고 반영하려 한다.	◎ △ ×		○ (△) ×	
7	시각계 뇌 섹터 (보기)	가족이나 지인의 변화에 민감하게 반응한다.	◎ △ ×		◎ △ ×	
		풍경이나 인물 사진을 자주 찍는다.	○ (△) ×	4/6	○ (△) ×	5/6
		봤던 것을 구체적으로 기억하고 재현한다.	○ (△) ×		◎ △ ×	
8	기억계 뇌 섹터 (기억하기)	가족이나 친구의 생일을 잘 기억한다.	○ (△) ×		◎ △ ×	
		특정 분야에 대해 잘 알고, 설명할 수 있다.	◎ △ ×	5/6	◎ △ ×	5/6
		어릴 적 기억이 자주 떠오르고 생생하다.	◎ △ ×		○ (△) ×	
	당신의 호기심 레벨은?		현재 합계	28	과거 합계	38

3장 뇌는 쓰는 만큼 달라진다: 8개 섹터별 호기심 훈련법

이 과정을 통해 알게 되는 사실은 다음과 같다.

- 어릴 적부터 관심이 없었던 영역(미사용 섹터)
- 최근 들어 새롭게 관심이 생긴 영역(새로 자극받기 시작한 섹터)
- 현재의 호기심이 어느 기능에 집중되고, 어떤 기능은 소외
  되고 있는지

사람에 따라, 어릴 적부터 별로 관심이 없었던 기능(=원래 미사용 섹터)도 있고, 나이가 들어서야 비로소 관심이 생겨 활성화되기 시작한 섹터도 있을 수 있다. 이처럼 시간에 따라 변화한 호기심의 흐름에도 주목해보자.

현재 점수가 낮은 섹터는 지금 이 순간 가장 자극이 필요한 영역이다. 그 안에는 나도 모르고 지나쳤던 자신의 성향이나, 오랫동안 풀리지 않던 내면의 의문에 대한 실마리가 숨어 있을 수 있다.

만약 우리가 호기심이 줄어든 상태임을 자각하지 못한 채 일상을 반복한다면, 미사용 섹터는 점점 더 많아지고, 뇌의 기능은 더 빠르게 둔화될 것이다. 청각과 시각 기능이 약화되고, 기억력과 사고력 저하로 이어지는 일은 그다지 먼 미래의 이야기가 아니다.

이른바 '욱하는 노인'이 되는 길, 그 시작점은 사라진 호기심이다. 그러니 주기적으로 '뇌 섹터별 호기심 레벨'을 점검해보자. 그것은 단지 뇌의 상태를 파악하는 데 그치지 않고, 내가 지금 무엇에 반응하고 무엇을 놓치고 있는지를 되돌아보는 자기 회복의 출발점이 된다.

지금 사용하는 뇌가 당신을 만든다

흥미로운 사실은, 지금까지 거의 사용하지 않았던 뇌 섹터를 새롭게 자극하면, 사고방식, 행동 패턴, 능력, 기술, 심지어 성격까지도 변화할 수 있다는 점이다. '현재의 나'는 지금까지 내가 어떤 뇌 섹터를 사용해왔고, 어떤 섹터를 거의 사용하지 않았는가의 결과가 축적되어 형성된 모습이다.

하지만 이 구조는 언제든 변화 가능하다. 이후 어떤 뇌 섹터를 더 많이 사용할지, 혹은 사용법을 바꾸고 활용 범위를 확장할지에 따라, 지금까지와는 전혀 다른 '새로운 나'가 만들어지기 시작한다. 즉, 지금부터의 선택과 훈련을 통해 내가 바라던 이상적인 모습을 실현할 수 있다는 뜻이다.

이러한 뇌 섹터 훈련에서 핵심은 호기심이다. 앞서 소개한 '뇌 섹터별 호기심 레벨 체크'를 통해 현재 내가 어떤 분야에 호기심을 느끼고, 어떤 영역에는 무관심한지를 확인했다면, 그 결과를 바탕으로 지금 내게 부족한 것, 끌리는 것, 거부감이 드는 것들을 진지하게 되돌아보자. 이 과정은 자기 인식을 더 깊고 넓게 확장할 수 있는 기회다.

이제 나 자신이 조금씩 보이기 시작했다면, 삶의 후반부는 새로운 능력을 기르고, 더 즐겁고 의미 있게 살아가기 위한 실전 무대다. 그 중심에는 '호기심'이라는 가장 인간적인 동력이 있다. 그것을 최대한 활용하는 삶, 그것이 뇌와 삶의 성장을 동시에 일으키는 전략이 될 것이다.

컴포트존을 벗어나라

앞서 살펴본 '뇌 섹터별 호기심 레벨 체크'를 다시 떠올려보자. 특히 점수가 낮았던 섹터들, 즉 오랫동안 사용하지 않아 활동량이 떨어졌거나, 반복적인 사용으로 매너리즘에 빠진 섹터들을 더욱 주의 깊게 들여다볼 필요가 있다. 이처럼 낮은 점수를 받은 섹터는 대체로 다음 두 가지 이유에서 활동량이 줄어든 경우다.

① 너무 오랫동안 사용하지 않아 점점 쇠약해지고 있는 경우
② 오랫동안 사용은 했지만, 습관화되어 자극 없이 정체된 경우

사용하지 않는 이유는 대부분 그 분야가 자신의 전문 영역이 아니거나, 자신이 잘 못한다고 느끼기 때문이며, 애초에 흥미가 없다고 여기는 경우도 많다. 예컨대 숫자나 도표에 익숙하지 않은 사람은 '나는 원래 수학에 약해'라고 단정 짓고 그 섹터를 아예 피한다. 반대로 과하게 사용된 섹터는 직업적 필요, 가사노동 혹은 오랜 취미 활동 등으로 반복 자극을 받아온 영역일 가능성이 크다.

그러나 반복은 자극을 둔화시키고, 뇌의 성장을 멈추게 만드는 요인이 되기도 한다. 이런 섹터들을 활성화하려면 두 가지 방향의 접근이 필요하다.

① 사용하지 않던 뇌 섹터에 새로운 호기심 에너지 투입하기
② 반복적으로 사용하던 섹터에 신선한 호기심 자극 불어넣기

특히 두 번째, 과사용 섹터의 경우는 일상적이기에 오히려 더 간과하기 쉽다. 자주 사용하는 만큼 새로운 자극을 통해 갱신하지 않으면, 뇌는 매너리즘에 빠지고 기능 저하가 일어날 수 있다.

예를 들어, 오랫동안 영업직으로 외근을 다닌 사람이라면 다음과 같은 경향이 나타난다.

① 미사용 섹터: 사고 섹터(몸으로 뛰는 일은 많지만, 깊이 사고할 시간은 적음), 감정 섹터(감정적 공감보다는 실무 중심 소통에 치중)

② 과사용 섹터: 운동 섹터(이동과 활동량 많음), 전달 섹터(고객 응대와 커뮤니케이션), 청각 섹터(고객 요구사항 청취), 이해 섹터(고객 니즈 파악 등)

반면, 하루 종일 컴퓨터 앞에서 업무를 수행하는 IT 엔지니어는 다음과 같은 패턴이 예상된다.

① 미사용 섹터: 운동 섹터(거의 앉아서 작업), 전달 섹터(대면 소통 적음), 청각 섹터(대화나 소리 자극이 적음)

② 과사용 섹터: 사고 섹터(지속적인 문제 해결과 분석), 이해 섹터(즉각적인 상황 인식 필요), 시각 섹터(화면 집중), 기억 섹터(작업 이력과 내용 기억)

이제 중요한 것은, 지금 내가 가진 호기심 중에서 '미사용 섹터'를 자극할 수 있는 것을 찾아 실행에 옮기는 일이다. 반대로, 이미 과사용 상태에 있는 섹터라면 전혀 새로운 호기심 자극으로 다시 깨어나게 하는 것이 필요하다.

당신은 어떤 유형에 가까운가? 앞서 진행한 호기심 레벨 체크를 바탕으로, 당신의 직업과 일상 속 패턴을 되돌아보며, 지금 잠들어 있는 섹터와 과로 상태의 섹터를 함께 점검해보자.

지금 당신에게 필요한 호기심, 버려야 할 호기심

좌뇌 감정(자기감정)에 따라 자기 인식을 명확히 할 수 있다면, 지금 내 뇌에서 사용하지 않는 섹터와 과하게 사용된 섹터가 무엇인지, 그리고 어떤 섹터를 더 자극해야 할지 자연스럽게 파악할 수 있다. 이러한 자각은 곧, 추구해야 할 호기심과 과감히 버려야 할 호기심의 방향을 가르쳐준다.

자, 그렇다면 이제 질문을 던져보자. 지금 당신은 어떤 호기심을 가지고, 어떤 뇌 섹터를 자극하고 있는가? 그리고 그 호기심은 지금의 나에게 정말 필요한 것인가, 혹은 단순한 자극 소비에 불과한가?

이제 뇌 섹터별로 의미 있는 호기심 자극법의 예시를 제시한다. 여기서 중요한 점은, 무작정 따라 하기보다는 좌뇌 감정 기반의 자기 판단과 실행이 전제되어야 한다는 것이다.

뇌 섹터별 호기심 자극 예시

• **감정 섹터**

– '가장 즐거웠던 일 10가지'를 떠올려 적어본다.

– 처음 가보는 미용실이나 네일숍에 들어가본다.

– 식물에게 말을 걸어본다.

– 주변 사람에게 오늘의 인상 깊었던 일을 이야기해본다.

• **사고 섹터**

– 오늘 꼭 하고 싶은 '하루 목표'를 하나 정해본다.

– 가족이나 가까운 사람의 장점을 정리해본다.

– 내 의견에 대한 반론을 가정하고 상상해본다.

– 앞으로의 인생 계획을 구체적으로 써본다.

– 평소와 반대되는 입장에서 특정 이슈에 대해 글을 써본다.

• **전달 섹터**

– 단체 스포츠나 모임 활동에 참여한다.

– 한 번도 해보지 않은 창작 요리를 시도해본다.

– 카페나 음식점에서 점원에게 정중하게 말을 걸어본다.

– 기분을 글이나 그림 등으로 표현해본다.

• 운동 섹터

- 평소 쓰지 않는 손으로 양치질해본다.

- 노래를 부르며 요리해본다.

- 명화 한 점을 모사해본다.

- 노래방에서 춤추며 노래해본다.

- 새로운 스트레칭 동작을 따라 해본다.

• 이해 섹터

- 예전에 읽었던 책을 다시 읽는다.

- 방을 정리하고 가구 배치를 바꿔본다.

- 멋쟁이의 옷차림을 흉내 내본다.

- 지역 자원봉사 활동에 참여해본다.

- 평소 잘 모르는 분야의 다큐멘터리를 시청한다.

• 청각 섹터

- 멀리 있는 사람의 대화를 집중해서 들어본다.

- 매장에 흐르는 배경음악의 가사를 주의 깊게 들어본다.

- 빗소리, 새소리 등 자연의 소리에 귀 기울여본다.

- 라디오를 들으며 잠들어본다.

- 악기 연주 소리를 구분하며 들어본다.

3장 뇌는 쓰는 만큼 달라진다: 8개 섹터별 호기심 훈련법

• **시각 섹터**

- 팬터마임이나 무성영화를 감상해본다.

- 자신의 얼굴을 보고 데생해본다.

- 사진을 찍어 앨범으로 만들어본다.

- 박물관이나 미술관에서 직접 작품을 감상해본다.

• **기억 섹터**

- 새로운 외국어를 배워본다.

- 역사나 한자 등을 암기해본다.

- 신조어를 수집하고 뜻을 정리해본다.

- 일정이나 계획을 미리 시뮬레이션해본다.

- 어린 시절의 추억을 글로 써본다.

뇌를 깨우는 입구, 청각 섹터를 흔들어라

쇠약해지고 있는 뇌 섹터가 어디인지 알게 되었다면, 그 섹터를 집중적으로 자극해 훈련할 수 있다. 하지만 뇌는 결코 한 영역만 독립적으로 활동하지 않는다. 뇌의 각 섹터는 다른 섹터와 연결되어 작동하려는 경향이 강하기 때문이다. 설령 어떤 섹터의 신경세포가 노화로 줄어들거나 기능이 저하되더라도, 다른 섹터와의 네트워크가 강화되면 기능 보완

호기심의 뇌과학

206

이 일어나고 뇌 전체의 활성화로 이어질 수 있다.

앞서 제시한 도표에서도 확인할 수 있듯이, 뇌의 앞부분(전두엽)에는 사고·전달·운동·감정 섹터가 주로 위치해 있다. 이들은 정보를 외부로 표현하거나 행동으로 옮기는 '출력out-put' 중심의 기능을 담당한다. 반면, 뇌의 뒷부분에는 이해·청각·기억 섹터가 분포하며, 외부로부터 정보를 받아들이는 '입력in-put' 기능에 주로 관여한다.

감정 섹터는 예외적으로 뇌의 전후 양쪽에 걸쳐 분포하며, 입력과 출력 모두에 관여하는 교차 기능을 한다. 즉, 우리는 뇌의 뒷부분에서 정보를 수용하고, 앞부분을 통해 반응한다. 그리고 이 앞뒤의 섹터들이 긴밀히 연결되어 정보를 주고받을 때, 뇌의 다양한 능력이 제대로 작동한다.

이러한 뇌 섹터 네트워크의 입구 역할을 하는 핵심이 바로 청각 섹터다. 예를 들어, 누군가의 말을 들을 때 우리는 우선 청각 섹터에서 음성을 받아들이고, 이 정보를 이해 섹터로 전달해 내용을 파악한다. 이후 사고 섹터와 감정 섹터에서 판단과 감정 반응이 일어나고, 전달 섹터를 통해 자신의 의견을 표현하거나, 운동 섹터를 통해 실제 행동으로 이어지게 된다.

만약 지금 어떤 뇌 섹터부터 자극해야 할지 모르겠다면,

혹은 하나의 섹터밖에 자극할 여유가 없다면, 먼저 청각 섹터부터 시작하길 권한다.

청각 섹터를 자극하기 좋은 방법 중 하나는 바로 라디오 청취다. 음악 방송도 좋고, DJ가 진행하는 대화 중심의 프로그램도 좋다. 우연히 틀어놓은 방송에서 다시 듣고 싶은 음악, 궁금해지는 이야기가 등장할 수 있다. 이런 자극이 다른 뇌 섹터들과의 연동을 이끌고, 뇌의 네트워크를 자연스럽게 성장시킨다. 라디오 외에도 다양한 청각 섹터 자극법을 찾아보자. 정보의 입구를 깨우는 일은, 호기심이 흐를 수 있는 경로를 여는 첫걸음이 될 수 있다.

호기심이 기억을 깨운다: 기억력을 회복하는 5가지 훈련법

뇌는 교대 근무가 필요하다:
뇌 피로를 없애는 호기심 교대법

2장에서 중년층의 공통된 문제로 '두뇌 피로'를 언급한 바 있다. 이러한 피로나 스트레스 증상은, 뇌 섹터 관점에서 보면 특정 섹터를 장시간 반복 사용한 결과로, 그 기능이 과부하 상태에 이르렀다는 뇌의 경고 신호일 수 있다. 그렇다면 이 피로는 어떻게 풀어야 할까?

혹사당한 섹터는 당연히 지쳐 있지만, 그 외의 섹터는 여전히 여유가 있다. 여기서 활용할 수 있는 개념이 바로 '뇌 섹터 교대 근무'다. 이는 앞서 소개한 과사용 섹터와 미사용 섹터의 호기심 자극 전략과도 정확히 맞닿아 있다. 쉽게 말해, 혹사한 섹터는 잠시 쉬게 하고, 사용하지 않았던 섹터를 의도적으로 자극하는 것이다. 또는 기존에 사용하던 섹터를 다른 방식으로 활용해 전환 효과를 줄 수도 있다.

예컨대 컴퓨터 앞에서 장시간 데이터 입력 작업을 하다 두통과 피로를 느낀다면, 자리에서 일어나 걷거나, 책상 주변을 정리하는 등 운동 섹터를 자극하는 새로운 활동으로 전환해보자. 그렇게만 해도 '피곤하다'는 인식이 희미해지고, 뇌의 다른 회로가 작동하며 전체 컨디션이 회복된다.

같은 작업이라도 키보드 입력에서 마우스 클릭으로, 눈으로 읽는 작업에서 소리 내어 말하는 방식으로 전환하면, 뇌 섹터의 활용 범위가 달라진다. 특히 사적인 시간에는 좌뇌 감정 기반의 '하고 싶은 일'을 선택해 업무와는 다른 섹터를 사용하는 것이 피로 해소와 뇌 활성화에 효과적이다.

매일 5분, 기억력을 깨우는 피드백 루틴

기억력과 밀접한 관련이 있는 뇌의 기능 영역은 바로 '기억계 뇌 섹터'다. 이 영역을 자극하기 위한 가장 간단하고 효과적인 방법 중 하나가 바로 피드백이다.

피드백은 기억계 섹터를 훈련하는 데 매우 유용한 도구다. 방식은 단순하다. 전날 있었던 일을 돌아보고(=캐시 메모리 확인), 오늘 하고 싶은 일을 떠올리면 된다. 이 두 가지를 하루에 단 몇 분만 실천해도 기억 회로를 충분히 자극할 수 있다. 가능하다면 매일 아침 같은 시간에 반복하는 것이 가장 효과적이지만, 출근길이나 산책 중 걷는 시간에 생각해보는 것도 좋은 방법이다.

예컨대 "어제 언제 기뻤지?", "오늘 뭐 하고 싶지?"처럼 스스로에게 질문을 던지거나, "공원에 꽃이 피었네" 하고 주변의 변화를 포착하며 감탄하는 행위 자체가 뇌에 신선한 자극이 된다. 기억계 섹터는 이렇게 새로운 감각과 연결되는 순간 활성화된다.

아침 시간을 따로 내기 어렵다면, 하루 중 짧은 공백, 예를 들어 '지금 커피 한 잔 마시고 싶다'거나 '잠깐 눕고 싶다'고 느껴지는 순간의 직전 5분을 피드백 시간으로 활용해보자. 이러한 소소한 루틴이 쌓이면 기억력은 물론, 일상 전반의 인식력과 집중력까지 함께 높아지는 경험을 할 수 있다.

뇌를 자극하는 사진 피드백

요즘은 누구나 스마트폰으로 일상의 순간을 사진으로 기록한다. 전 국민이 카메라를 들고 다니는 시대라 해도 과언이 아니다. 그 덕분에 시각계 뇌 섹터가 과도하게 자극되고 있다는 점도 간과할 수 없지만, 나는 이 흐름을 조금 다르게 활용할 것을 제안한다. 바로, '나만의 앨범 만들기'를 통해 기억계 뇌 섹터를 자극하는 것이다.

지금부터라도 자신, 가족 혹은 주변 사람들과의 시간을 한 장 한 장 인화해 앨범에 정리해보자. 단순히 사진을 스마트폰 속에 저장해두는 것으로는 기억계 뇌 섹터에 충분한 자극을 줄 수 없다. 직접 손으로 사진을 골라 인화하고, 그것을 앨범에 붙이며, 떠오르는 이야기를 짧게 코멘트로 덧붙이는 일련의 과정은 뇌의 기억 회로를 강하게 자극한다. 그 앨범을 때때로 꺼내 들여다보는 것만으로도 과거의 감정과 기억이 생생히 되살아나고, 새로운 호기심이 다시 움트는 경험을 할 수 있다. 디지털 시대일수록 아날로그적인 기록은 오히려 뇌에 깊이 남는다. 앨범을 만드는 일은 단지 추억을 정리하는 차원을 넘어, 뇌의 건강한 순환을 일으키는 훌륭한 피드백 활동이다.

이처럼 자신에게 맞는 방식으로 기억을 자극하고 감정을 정돈할 수 있는 나만의 피드백 방법을 찾아보자.

기억을 되살리는 세 가지 열쇠:
사고·감정·기억의 연대

기억에는 크게 두 가지 종류가 있다. 하나는 사실이나 정보를 저장하는 '지식 기억', 다른 하나는 감정과 연결된 '감정 기억'이다. 전자는 사고 섹터와, 후자는 감정 섹터와 깊은 관련이 있다.

기억력을 강화하기 위한 가장 효과적인 방법은 단지 기억 섹터만을 훈련하는 데 그치지 않고, 사고 섹터와 감정 섹터를 동시에 자극해 이 세 영역이 유기적으로 작동하게 만드는 것이다. 사고력이 향상되면 기억 저하의 핵심 원인 중 하나로 지목되는 해마의 기능도 개선되어, 뇌의 기억 저장 능력이 점차 회복된다. 감정 섹터 역시 긍정적 정서와 자극을 동반할 때 기억의 정착력을 높이는 데 기여한다.

이 세 섹터를 동시에 단련하는 가장 좋은 방법은, 집에만 머물지 말고 타인과의 활발한 교류를 늘리는 것이다. 사람들과 직접 만나 이야기를 나누고, 다양한 정보를 주고받는 행위 자체가 사고 섹터를 자극하고, 흥미로운 대화 속에서 자연스럽게 감정 섹터도 활성화된다. 재택근무나 온라인 회의처럼 비대면 방식도 도움이 될 수 있지만, 직접 만남을 통해 얻는 다채로운 자극은 훨씬 더 깊이 뇌에 영향을 미친다.

변화는 기록에서 시작된다

뇌 섹터를 자극하는 노력을 시작했다면, 반드시 병행했으면 하는 습관이 있다. 바로 현재의 자신을 기록하는 일이다.

나는 기억력 저하나 건망증으로 병원을 찾는 환자들에게 진료 초기부터 '지금의 얼굴 사진을 남겨두라'고 권한다. 일정 시간이 흐른 뒤 다시 사진을 찍어 비교해보면, 뇌의 상태가 놀라울 정도로 얼굴에 반영되어 있다는 사실을 확인할 수 있기 때문이다. 반년, 혹은 1년의 차이가 얼굴 표정과 눈빛, 생기에서 분명하게 드러난다.

기록은 단순한 메모가 아니라, 변화를 가시화하는 유효한 도구다. 가장 먼저 해야 할 일은 에너지를 쏟고 싶은 호기심 분야 하나를 정하는 것이다. 독서, 스트레칭, 자전거 타기, 산책, 음악 감상 등 무엇이든 좋다. 이 활동을 일주일간 꾸준히 실천하고, 그 경험에서 느낀 변화를 기록한다. 그다음 일주일은 같은 활동을 전혀 하지 않고 지내며 변화의 유무를 비교해본다.

글이나 사진, 동영상 등 어떤 방식이든 상관없지만, 가장 중요한 건 이전과 비교 가능하도록 수치화된 기록을 남기는 것이다. 예를 들어 책이라면 몇 페이지를 몇 분 동안 읽었는지, 자전거는 이동 거리와 시간 등을 숫자로 기록한다.

이후에는 기록을 정기적으로 점검해야 한다. 그동안의 변화를 돌아보며 "이 방식이 나한테 더 맞지 않을까?", "이번엔 이렇게 바꿔보자"는 식의 피드백이 자연스럽게 떠오르게 된다. 그 피드백을 토대로 다시 실행하고, 또 기록을 남긴다. 이 과정을 하나의 루틴으로 만들어보자.

기록 → 돌아보기 → 피드백 → 행동 → 다시 기록

이런 흐름을 습관화하면, 변화는 더 이상 막연하지 않다. 시도하고 실패하면서 쌓이는 경험은 결국 뇌를 성장시키고 삶의 질을 바꾸는 핵심 자산이 된다.

당장 오늘 시작해야 할 뇌 생활습관

우리가 가진 뇌의 역량은 선천적으로 정해지는 것이 아니다. 일상에서 뇌를 자극하고 반복 훈련을 통해 익숙해지는 과정을 통해 점진적으로 성장해간다. 이번 장의 마지막에서는 오늘부터 바로 실천할 수 있는, 뇌 성장에 도움이 되는 일상 속 습관들을 소개한다.

뇌에 좋은 생활습관 ①
몸·발·입을 자극하는 생활 루틴

뇌를 단련하는 데 있어 가장 기본은 몸을 움직이는 것이다.

가족이나 동료에게도 함께 해보라고 추천해보자. 여기서 말하는 '운동'은 격렬한 활동이 아니라, 가능한 선에서 자율적 움직임을 생활화하는 것을 의미한다. 운동계 뇌 섹터를 꾸준히 자극하면 스트레스 해소에도 효과가 있으며, 뇌 회로를 깨우는 데 중요한 역할을 한다.

예를 들어 오전 10시나 오후 3시처럼 정해진 시간에 몸을 움직이면 뇌의 리듬에도 도움이 된다. 점심을 사러 나가거나 쓰레기를 버리러 가는 짧은 외출도 뇌 자극에 좋다. 자연과의 접촉을 겸한 산책이나 동네 한 바퀴 걷기 역시 운동계 뇌 섹터와 시각계 뇌 섹터를 동시에 활성화시키는 간단하면서도 효과적인 방법이다. 가능하다면 하루 8,000보, 약 50분에서 1시간 정도 걷기를 목표로 해보자. 걷기만 해도 호기심이 되살아나고 의욕이 높아진다. 피로 회복과 인지기능 유지에도 효과적이다.

특히 재택근무나 집안 중심의 생활로 인해 뇌가 매너리즘 상태에 빠지기 쉬운 지금, 발과 입의 자극은 더욱 중요하다. 발가락을 하나씩 따로 움직여보거나, 서지 않고 발바닥을 자극해보자. 발바닥에는 뇌와 연결된 자극점이 몰려 있어 생각보다 큰 자극 효과를 낸다.

'입을 움직인다'는 것은 대화의 빈도를 늘리는 것을 의미

한다. 업무상 필요하지 않더라도, 일부러 온라인이나 전화로 대화를 나누는 것도 좋다. 뇌 자극을 의식하며 시도해보자. 이러한 작은 시도들이 재택 고립감 해소는 물론, 감정 회복과 사고 유연성 강화에도 도움을 준다.

입을 움직인다는 의미는 타인과의 대화 횟수를 늘려보라는 뜻이다. 필요하지 않더라도 뇌에 자극을 준다고 의식하고 일부러 온라인이나 전화로 대화를 해보는 방법도 좋다. 이런 경험을 반복하면 재택근무의 고립감을 피하는 데도 도움이 된다.

뇌에 좋은 생활습관 ②
라디오 듣기

코로나19 이후, 자택에서 라디오나 팟캐스트를 듣는 비율이 눈에 띄게 증가했다. 이는 단순한 취향 변화가 아니라, 뇌의 자연스러운 전환을 위한 무의식적 선택일 수 있다.

우리가 라디오에 끌리는 이유는, 말소리와 음악이라는 청각 자극이 뇌에 새로운 리듬을 만들어주기 때문이다. 이는 특히 뇌의 청각계 섹터를 자극하는 동시에, 감정계·기억계 섹터까지 유기적으로 활성화시킨다. 라디오 청취는 집중을 돕거나 기분 전환을 위한 일상 도구로도 매우 유용하다. 음악을 틀어두는 것만으로도 분위기가 바뀌고, 말소리 중심의 프로그램은 사고의 전환을 유도하는 데 도움이 된다.

또한, 자기 전 타이머를 설정해 라디오를 들으며 잠드는 습관은 입면을 돕는 데도 효과적이다. 단 몇 분의 청취라도 뇌에는 전혀 다른 회로가 작동되는 전환점이 될 수 있다. 꼭 한 번 시도해볼 만한 습관이다.

뇌에 좋은 생활습관 ③
방법을 살짝 바꿔보기

뇌가 매너리즘에 빠지지 않도록 막는 가장 간단한 습관은, 지금까지 늘 해오던 방식을 조금만 바꾸는 것이다. 이는 앞서 소개한 '뇌 섹터 교대 근무'를 일상에서 쉽게 실천할 수 있는 버전이기도 하다. 예를 들어, 지하철역까지 가는 길을 평소와 다른 방향으로 걸어보거나, 늘 쓰던 전기밥솥 대신 냄비로 밥을 짓는 것만으로도 뇌는 새로운 자극을 받는다. 이러한 작지만 낯선 변화가 뇌의 인지 기능을 깨우는 신호가 되고, 특정 뇌 섹터의 고정 사용에서 벗어나 새로운 회로를 연결하는 계기가 된다.

중요한 것은 대단한 변화가 아니라 '살짝'의 전환이다. 익숙함에 머무르지 않고, 뇌에 "지금과는 다른 방식도 있다"는 신호를 주는 것만으로도 충분하다. 작은 실험을 반복하면 일상의 감각이 예민해지고, 뇌의 반응성도 향상된다. 이는 곧 호기심의 회복으로 이어진다.

뇌에 좋은 생활습관 ④
자연에서 오프라인으로 머물기

뇌의 성장과 회복에 있어 가장 과소평가되기 쉬운 요소가 바로 '휴식'이다. 뇌를 훈련시키는 것도 중요하지만, 그 못지 않게 혹은 그보다 더 중요한 것이 정보로부터의 단절을 통한 깊은 휴식이다.

현대인은 하루 종일 엄청난 양의 정보를 받아들이며 살고 있다. TV, 컴퓨터, 스마트폰을 통해 뇌는 끊임없이 자극을 받고, 쉴 틈조차 없이 과부하에 시달린다. 이때 필요한 것이 바로 '디지털 디톡스', 즉 정보를 차단한 채 자연 속에서 머무는 시간이다.

하루에 단 30분이라도 좋다. 자연을 마주하고, 전자기기 없이 오감을 통해 바람, 햇살, 흙냄새 같은 '아날로그 자극'을 받아들이는 시간을 만들어보자. 이렇게 정보의 흐름을 의도적으로 끊어주는 순간, 뇌는 비로소 본래의 리듬을 회복하고, 새로운 아이디어와 감각을 되살릴 여유를 되찾는다.

뇌에 좋은 생활습관 ⑤
하루 3번 천천히 심호흡하기

우리가 평소 무의식적으로 반복하는 비강호흡만으로는 뇌에 충분한 산소가 공급되지 않을 수 있다. 특히 긴장 상태에서는 호흡이 얕고 짧아지기 쉬워, 뇌가 저산소 상태에 빠지게 된다. 이럴 땐 의식적인 심호흡 습관이 필요하다.

하루 3번, 3분 정도만이라도 깊고 천천히 호흡하는 시간을 가져보자. 심호흡은 단순히 산소를 공급하는 차원을 넘어, 호흡근을 움직이게 함으로써 운동계 뇌 섹터까지 자극하는 효과를 낸다. 다음은 추천하는 심호흡 방법이다.

1. 배꼽 아래 약 5센티미터 지점, 이른바 '단전'이라 불리는 부위에 손바닥을 올린다.
2. 코로 숨을 천천히 들이마시며, 단전 근육이 부드럽게 부풀어 오르게 한다(약 1~2초).
3. 입으로 길게 숨을 내쉰다(15~20초).

이때 '길게 내쉬는 것'이 핵심 포인트다. 숨을 충분히 내쉴수록 전신의 긴장이 이완되고, 스트레스도 완화된다. 나아가 호흡을 스스로 의식하는 순간, 우리는 자기 인식 능력을 키

우게 된다. 심호흡은 생각보다 강력한 변화의 도구다. 잠시
멈춰 자신의 내면에 집중하는 시간, 그 몇 분이 하루 전체의
뇌 상태를 바꿔놓을 수 있다.

호기심 하나로
인생이 잘 풀리기 시작한다

이 책을 통해 전하고 싶었던 메시지는 단순하다.

어릴 적부터 내 안에 살아 있던 '진짜 마음', 즉 좌뇌 감정을 다시 살리고, 호기심을 회복하면 뇌와 삶 전체가 완전히 달라진다는 것이다.

나 역시 이 책에서 소개한 방법들을 일상에서 실천하고 있다. 지금도 매일 새로운 일과 만남에 감탄하고, 호기심이 살아 있음을 느낀다. 앞서 계속 말했듯, 호기심이 있으면 불안이나 걱정도 다르게 바라볼 수 있다.

동일한 상황도 더 긍정적이고 주체적인 시선으로 전환할

수 있다.

호기심 뇌는 그렇게 일상을 변화시킨다.

호기심 뇌가 만들어주는 변화는 아래와 같다.

1. 기억력이 좋아진다.

2. 집중력과 작업 효율이 오른다.

3. 사람들과의 소통이 훨씬 수월해진다.

4. 일상이 더 유쾌하고 흥미로워진다.

5. 자기 성장을 기대하며 살아가게 된다.

삶이 조금씩, 하지만 확실하게 내가 원하는 방향으로 흘러가기 시작한다.

책 첫머리의 질문을 다시 떠올려보자.

"지금, 하고 싶은 일이 있는가?"

이제는 예전보다 훨씬 많아졌을 것이다. 새롭게 떠오른 일들, 미뤄뒀던 꿈, 어쩌면 막연했던 방향까지도 구체화되었을지 모른다.

이 책이 그 출발점이었다면, 그걸로 충분하다.

가토 도시노리

참고문헌 및 출처

프롤로그

1 『자살 대책 백서 5주년 기념판令和5年版自殺対策白書』, 일본 후생노동성厚生労働省, 2023

1장 잠든 뇌가 깨어날 때: 호기심으로 열리는 새로운 세상

1 Jessen F, Amariglio RE, Buckley RF, van der Flier WM, Han Y, Molinuevo JL, Rabin L, Rentz DM, Rodriguez-Gomez O, Saykin AJ, Sikkes SAM, Smart CM, Wolfsgruber S, Wagner M. The characterisation of subjective cognitive decline. *Lancet Neurol*. 2020 Mar;19 (3) :271-278. doi: 10.1016/S1474-4422 (19) 30368-0.

2 Lui KK, Dave A, Sprecher KE, Chappel-Farley MG, Riedner BA, Heston MB, Taylor CE, Carlsson CM, Okonkwo OC, Asthana S, Johnson SC, Bendlin BB, Mander BA, Benca RM. Older adults at greater risk for Alz13heimer's disease show stronger associations between sleep apnea severity in REM sleep and verbal memory. *Alzheimers ResTher*. 2024 May 9;16(1):102. doi: 10.1186/s13195-024-01446-3.

3 Kato, T., Ohkoshi, Y., Wada, K., Michiko, M., Yamada,K., Suzuki, Y., "Assessment of clinical characteristics with unilateral hippocampal infolding retardation using MR imaging," *Radiology (suppl.)*, 268,

523PD, 2003, Radiological Society of North America, 82th Scientific Assembly and Annual Meeting. Chicago, USA. 가토 도시노리加藤俊徳 「광범위 발달장애에서의 해마회전지체증広汎性発達障害における海馬回旋遅滞症」『BRAIN MEDICAL』 2004년 16호 pp.307-317., 가토 도시노리, 「해마회전지체증海馬回旋遅滞症」『Annual Review 신경 2006』 주가 이의학사中外医学社 pp.340-348.

4 Modirshanechi A, Kondrakiewicz K, Gerstner W, Haesler S. Curiosity-driven exploration: foundations in neuroscience and computational modeling. *Trends Neurosci*. 2023 Dec;46（12）:1054-1066. doi:10.1016/j.tins.2023.10.002.

5 Duszkiewicz AJ, McNamara CG, Takeuchi T, Genzel L. Novelty and Dopaminergic Modulation of Memory Persistence: A Tale of Two Systems. *Trends Neurosci*. 2019 Feb;42（2）:102-114. doi: 10.1016/j.tins.2018.10.002

2장 호기심 뇌로 전환하라: 뇌과학 기반 8가지 리부팅 전략

1 Alty J, Farrow M, Lawler K. Exercise and dementia prevention. *Pract Neurol*. 2020 May;20（3）:234-240. doi:10.1136/practneurol-2019-002335.

2 Yang Y, Shields GS, Wu Q, Liu Y, Chen H, Guo C. The association between obesity and lower working memory is mediated by inflammation: Findings from a nationally representative dataset of U.S. adults. *Brain Behav Immun*.2020 Feb;84:173-179. doi: 10.1016/j.bbi.2019.11.022., Gabay A, London S, Yates KF, Convit A. Does

obesity-associated insulin resistance affect brain structure and function of adolescents differentially by sex? *Psychiatry Res Neuroimaging.* 2022 Jan;319:111417. doi: 10.1016/j.pscychresns.2021.111417.

3 『뇌 명의가 가르쳐주는 엄청난 자아존중감脳の名医が教える すごい自己肯定感』, 가토 도시노리 저

4 Cheng FW, Li Y, Winkelman JW, Hu FB, Rimm EB, Gao X. Probable insomnia is associated with future total energy intake and diet quality in men. *Am J Clin Nutr.* 2016 Aug;104（2）:462-9. doi: 10.3945/ajcn.116.131060.

5 Spira AP, Gamaldo AA, An Y, et al: Self-reported sleep-amyloid deposition in community-dwelling older adults. *JAMA Neurol.*2013 Dec;70(12):1537-43.doi: 10.1001/jamaneurol.2013.4258

6 Udagawa J, Hino K. Plasmalogen in the brain: Effects on cognitive functions and behaviors attributable to its properties. *Brain Res Bull.* 2022 Oct 1;188:197-202. doi: 10.1016/j.brainresbull.2022.08.008.

7 Fujino T, Yamada T, Asada T, Tsuboi Y, Wakana C, Mawatari S, Kono S. Efficacy and Blood Plasmalogen Changes by Oral Administration of Plasmalogen in Patients with Mild Alzheimer's Disease and Mild Cognitive Impairment: A Multicenter, Randomized, Double-blind, Placebo-controlled Trial. *EBioMedicine.* 2017 Mar;17:199-205. doi: 10.1016/j.ebiom.2017.02.012

옮긴이 **전화윤**

한국외국어대학교 일본어과, 동대학원 통번역대학원 한일과 졸업 후 국내 기업에서 통번역사로 근무했다. 옮긴 책으로는 『아주 조용한 치료』 『과학자에게 이의를 제기합니다』 『이상하고 거대한 뜻밖의 질문들』 『도망치는 게 어때서』 『우리는 물속에 산다』 등이 있다.

쓸모 많은 뇌과학 · 9

호기심의 뇌과학

1판 1쇄 발행 2025년 5월 16일
1판 2쇄 발행 2025년 5월 27일

지은이 가토 도시노리
옮긴이 전화윤
발행인 박명곤 **CEO** 박지성 **CFO** 김영은
기획편집1팀 채대광, 백환희, 이상지, 김진호
기획편집2팀 박일귀, 이은빈, 강민형, 박고은
기획편집3팀 이승미, 김윤아, 이지은
디자인팀 구경표, 유채민, 윤신혜, 임지선
마케팅팀 임우열, 김은지, 전상미, 이호, 최고은

펴낸곳 (주)현대지성
출판등록 제406-2014-000124호
전화 070-7791-2136 **팩스** 0303-3444-2136
주소 서울시 강서구 마곡중앙6로 40, 장흥빌딩 10층
홈페이지 www.hdjisung.com **이메일** support@hdjisung.com
제작처 영신사

ⓒ 현대지성 2025

"Curious and Creative people make Inspiring Contents"
현대지성은 여러분의 의견 하나하나를 소중히 받고 있습니다.
원고 투고, 오탈자 제보, 제휴 제안은 support@hdjisung.com으로 보내주세요.

현대지성 홈페이지

이 책을 만든 사람들
편집 이정미, 채대광 **표지 디자인** 채홍디자인 **본문 디자인** 구경표